飞行器结构设计系列教材

飞机结构复合材料修理
设计与分析

刘斌　常楠　徐绯　侯赤　编著

U0195219

西北工业大学出版社

西安

【内容简介】 本书主要论述了复合材料层合板理论、复合材料胶接理论和胶接工艺以及复合材料结构修理相关技术。飞机结构复合材料修理技术包括结构复合材料修理方案设计与优化,复合材料修理结构静强度、低速冲击、疲劳问题的验证与分析,复合材料胶接修理结构数值模拟与分析。同时,本书介绍了军机、民机简单或复杂结构的修理案例,对飞机结构复合材料修理技术的最新进展进行了简单叙述。

本书可作为飞行器设计与工程、固体力学等航空结构相关专业的本科生和研究生的教材,也可供从事相关工作的学者、飞机结构设计师、结构修理工程师参考。

图书在版编目(CIP)数据

飞机结构复合材料修理设计与分析 / 刘斌等编著
. — 西安 : 西北工业大学出版社,2021.9
ISBN 978 - 7 - 5612 - 7938 - 0

Ⅰ.①飞…　Ⅱ.①刘…　Ⅲ.①飞机-航空材料-复合材料-维修-研究　Ⅳ.①V267

中国版本图书馆 CIP 数据核字(2021)第 189776 号

FEIJI JIEGOU FUHE CAILIAO XIULI SHEJI YU FENXI
飞 机 结 构 复 合 材 料 修 理 设 计 与 分 析

责任编辑:王玉玲	策划编辑:杨　军	
责任校对:王梦妮	装帧设计:李　飞	
出版发行:西北工业大学出版社		
通信地址:西安市友谊西路 127 号	邮编:710072	
电　　话:(029)88491757,88493844		
网　　址:www.nwpup.com		
印 刷 者:兴平市博闻印务有限公司		
开　　本:787 mm×1 092 mm	1/16	
印　　张:13	插　页:7	
字　　数:324 千字		
版　　次:2021 年 9 月第 1 版	2021 年 9 月第 1 次印刷	
定　　价:49.00 元		

前　言

轻质、高效、安全的复合材料应用于机体结构,符合飞机结构设计师"克克计较"的设计理念。但是任何材料和设计方案都会有弱点,复合材料也是如此。复合材料结构在飞机服役环境中常遭受冲击载荷工况,如工具跌落、冰雹、跑道砂石、人员踩踏、意外碰撞等,易发生内部损伤。复合材料结构极易因为内部损伤而不能继续承载或疲劳寿命下降等,因此需要科学地制订修理方案进行修理。另外,很多国家都面临着金属材料飞机老龄化问题,在疲劳裂纹、腐蚀损伤的影响之下,要保证其结构完整性,必须采用成熟、可靠的技术进行修理和恢复,而复合材料胶接修理技术是复合材料结构损伤和金属结构裂纹及腐蚀损伤修复的一个可靠技术。

三十年前,澳大利亚首先提出复合材料胶接修理老龄化金属飞机的概念,如今已成功应用于 C-141、C-5A 等飞机,维持机队的继续服役。对于当今和未来的复合材料飞机,不可避免会遇到修理问题,特别对于军机的外场环境,更需要很好地设计复合材料胶接修理方案并进行验证评估,修理方案的最初设计方案也可以进一步优化。同时,近些年由于纳米材料、机器人、智能感知技术的发展和快速作战的需求,在飞机结构复合材料修理技术上也出现了很多新的技术。

本书共分为 9 章,是在笔者及团队近年来的研究基础上,参考 A. A. Baker 等编写、董登科等译的《飞机金属结构复合材料修理技术》一书以及其他资料综合编著的。书中内容既包括复合材料及胶接的理论,又展开阐述飞机复合材料结构胶接修理后的完整性评估,还通过应用举例让读者能直观地感受到飞机结构复合材料修理技术的工艺和设备。

本书第 1 章对飞机结构复合材料修理进行概述,包括复合材料、飞机结构损伤与检测、飞机结构修理技术与设备。

第 2 章介绍结构复合材料修理方案设计与优化,包括复合材料层合板理论、胶接修理设计理论、半解析法(Modified semi-Analytical Method,MAM)方法以及验证应用、基于有限元法(Finite Element Method,FEM)的复合材料胶接修理结构设计方案优化与稳健性分析。

第 3 章介绍复合材料胶接修理工艺的具体做法,包括表面处理、胶黏剂、偶联剂等。

第 4 章介绍复合材料修理案例,包括军用、民用飞机结构复合材料修理的典型案例。

第 5 章介绍复合材料修理结构的静强度,包括斜面式和阶梯式胶接修理结构的拉伸、弯曲试验验证及机理分析。

第 6 章介绍复合材料修理结构冲击与剩余强度,包括冲击能量、冲击位置对冲击响应、损伤机理、剩余强度的影响。

第 7 章介绍复合材料修理结构的疲劳问题,包括贴补和挖补结构的疲劳寿命、疲劳极限以及裂纹扩展规律。

第 8 章介绍复合材料修理结构数值模拟与分析,包括复合材料强度问题与失效判据综述、复合材料胶接修理结构数值计算策略以及算例验证。

第 9 章介绍飞机结构复合材料修理新进展,包括复合材料标准补片、机器人自动修理、补片增韧技术、智能补片系统以及快速修理设计与分析软件平台。

本书由西北工业大学航空学院刘斌统稿,并由其编写第 3～5 章和第 7、8 章;第 1 章由成都飞机设计研究所常楠与西北工业大学航空学院侯赤共同编写;第 2、6 章由西北工业大学航空学院刘斌与徐绯共同编写;第 9 章由刘斌与常楠共同编写。

本书引用了 A. A. Baker 的部分理论及案例,也引用了其他大量文献资料,并得到成都飞机设计研究所袁一彬的诸多建设性意见。同时在文献资料整理、插图绘制、公式编辑等方面得到西北工业大学本科生李斐、曹双辉、王强、汤博森、高弄玥、段晓波的帮助,在此一并向他们表示衷心的感谢!

由于水平有限,书中难免存在疏漏之处,敬请读者批评指正。

刘　斌

2021 年 1 月于西安

目　录

第1章 飞机结构复合材料修理概述

1.1 复合材料简介

1.1.1 复合材料的定义

复合材料是人们运用先进的材料制备技术将不同性质的材料组分优化组合而成的新材料，一般由基体和增强体组成。钢筋混凝土结构、夹着稻草梗的土坯等都属于复合材料。

复合材料满足以下四个特征：

(1)复合材料必须是人造的，是人们根据需要设计制造的材料；

(2)复合材料必须由两种或两种以上化学、物理性质不同的材料组分，以所设计的形式、比例、分布组合而成，各组分之间有明显的界面存在；

(3)复合材料具有结构可设计性，可进行复合结构设计；

(4)复合材料不仅保持各组分材料性能的优点，而且通过各组分性能的互补和关联可以获得单一组成材料所不能达到的综合性能。

根据基体材料，复合材料可分为金属基体和非金属基体两大类。金属基体常用的有铝、镁、钛及其合金；非金属基体主要有合成树脂、橡胶、陶瓷、石墨、碳等。增强材料主要有玻璃纤维、碳纤维、硼纤维、芳纶纤维、碳化硅纤维、石棉纤维、晶须和金属等。复合材料在飞机结构上的应用分布如图1-1(彩图见彩插)所示。

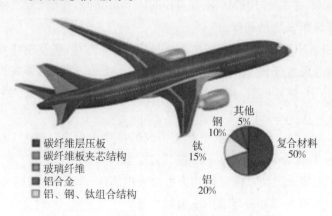

图1-1 复合材料在飞机结构上的应用分布

1.1.2 复合材料的发展

1958年,美国俄亥俄州克利夫兰的帕玛技术中心(Parma Technical Center)的物理学家Roger Bacon发现了高性能碳纤维。20世纪60年代中期,日本和英国研究人员相继开发出了无需热拉伸的氧化再碳化聚丙烯腈纤维。现阶段,高性能碳纤维研发及生产最具代表性的是日本和美国等发达国家的生产供应体系,例如日本东丽公司的T系列、M系列和MJ系列碳纤维,以及美国Hexcel公司的AS系列、IM系列。先进的树脂供应体系最具代表性的是日本的东丽公司和美国的Cyte公司。树脂可根据强度和韧性分为第一代中等韧性、第二代高韧性和第三代超高韧性树脂基体。

1.1.3 复合材料的用途

因为复合材料具有比强度、比刚度大,质量较轻,可设计性好的优点,所以它在多领域都有较为广泛的应用,其中主要作为结构材料使用。在工程领域用于飞机、火箭、卫星、导弹、汽车、船舶、高铁、石油管道等。常见的复合材料有碳纤维树脂基复合材料、其他纤维树脂基复合材料、金属及复合材料和陶瓷基复合材料。

先进复合材料除作为结构材料外,还可用作功能材料,如梯度复合材料(材料的化学和结晶学组成、结构、空隙等在空间连续梯变的功能复合材料)、机敏复合材料(具有感觉、处理和执行功能,能适应环境变化的功能复合材料)、仿生复合材料和隐身复合材料等。

复合材料在飞行器结构中的应用是其主要的研究方向之一,下面简单介绍美国、欧洲以及我国的复合材料在飞行器结构中的应用。

(1)美国。在ACEE计划(1976—1986年)中,开始尝试将复合材料应用到飞机的次承力构件,主要成果有DC-10方向舵、L-1011副翼和B727升降舵等部件。在ACT计划(1988—1997年)中,将复合材料应用到飞机的主承力构件,主要成果有C-130大型运输机复合材料中央机翼和F-22主承力构件。在AST计划(1992—2002年)中,扩大复合材料在主承力构件中的应用范围,主要成果有完成全尺寸复合材料机翼盒段的设计,以及为大型客机复合材料机翼和复合材料结构的其他应用提高技术储备。在CAI计划(1996—2006年)中,B787采用了多项研究成果,主要有RTM(Resin Transfer Molding,树脂传递模塑)成型尾翼、Z-pin X-Cor设备和三维编织π型加筋等。

(2)欧洲。在TANGO计划(2000—2004年)中,进行机翼、机身组件和部件概念验证,目标是减重20%,制造成本降低20%,研究成果应用于A380-800宽体客机上。在ALCAS计划(2004—2008年)中,进行机翼、机身部件应用技术研究,目标是减重20%,同时降低制造成本,研究成果应用于A350部件。

(3)中国。1975年(开创阶段),从事相关研究的主要单位有320厂、625所和623所。我国第一个复合材料飞机结构部件是J-12进气道壁板。

1981—1990年,我国选用以刚度设计为主的飞机部件,如垂尾、前机身等,作为研制对象,主要成果包括Q-5和J-8Ⅱ垂尾、Q-5前机身等。

1991—2000年,我国大批复合材料部件研制成功,包括J-8Ⅱ机翼、J-10鸭翼和XX机雷达罩等。

2001 年至今,我国成功研制了与 T300 相当的国产碳纤维,军机上普遍采用碳/双马树脂,通过适航审定的民机复合材料结构件已装机试飞。

飞机结构复合材料的用量变化情况如图 1-2 所示。

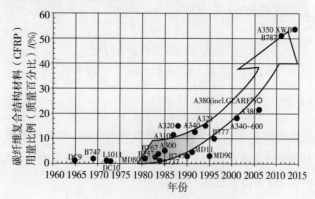

图 1-2　飞机结构复合材料的用量

1.2　飞机结构损伤与检测

1.2.1　结构损伤

通常飞机结构的损伤被定义为飞机结构元件或蒙皮的变形或横截面积的减小。复合材料的损伤可能表现为孔、褶皱、扭曲、刻痕、划伤、分层、表面腐蚀和烧伤等,如图 1-3 所示。

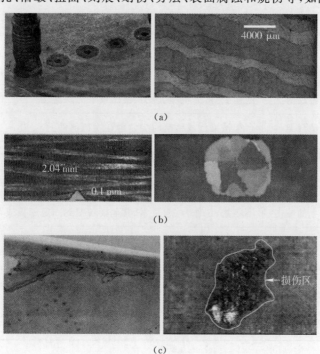

图 1-3　复合材料的损伤

(a)孔与褶皱 ;(b)划伤与分层;(c)表面腐蚀与雷击烧伤

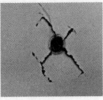

(d)

续图 1-3　复合材料的损伤

(d)复合材料夹芯结构螺钉拉脱破坏

1.2.2　损伤的分类

复合材料的损伤分类有很多方法,根据损伤表现的类型、出现的位置和损伤程度等都可进行分类。从复合材料的制造、运营、维护过程方面,可将损伤分为制造缺陷与损伤、地面操作失误损伤及飞行环境损伤,分别说明如下。

(1)制造缺陷与损伤。复合材料结构制造损伤一般是指在预浸料和结构件固化过程中产生的缺陷,以及结构件在机械加工和装配过程中产生的缺陷。典型的制造缺陷包括孔隙、富胶、贫胶、夹杂物、纤维方向及铺层顺序有误、划伤、有缺陷孔及过紧连接等。

(2)地面操作失误损伤。飞机运营和使用过程中复合材料结构的操作失误损伤一般是指飞机部件在地面受到的损伤,根据地面的不同损伤源可分为表面冲击、边角冲击、走路损伤及紧固件孔磨损四类。表 1-1 给出了地面损伤及其来源分析。

表 1-1　地面损伤及其来源分析

类　别	来　源	分　析
表面冲击	工具跌落	比较普遍,质量小于 0.454 kg 的手动工具,跌落高度由工作台高度决定
	设备跌落	潜在威胁,如机械、电力、液压设备的跌落
	维护台架	台架被推倒或跌落时尖角砸在飞机部件上
	大范围损伤	运输车撞到飞机,导致穿孔、表面划伤等损伤
边角冲击	构件跌落	经常发生,如很重或难以搬运的可拆卸零件跌落
	飞机上的冲击	不频繁,工作台、起重索、其他设备撞到固定壁板或开着的门的暴露边缘
走路损伤	局部压力	大量,过道附近,走路压力引起
	走路	走路引起夹层板面板与芯材开胶
紧固件孔磨损	紧固件磨损	快拆紧固件根部的扣环槽导致孔扩大
	拉脱	紧固件处沉头下面磨损、局部裂纹及分层

注:参考《实用飞机复合材料结构设计与制造》(牛春匀著,程小全、张纪奎译,航空工业出版社,2011 年)。

(3)飞行环境损伤。复合材料结构的飞行环境损伤一般是指冰雹冲击分层[见图 1-4

(a)]、雷击烧蚀分层[见图1-4(b)]、鸟撞分层及穿透[见图1-4(c)]、起降带起的碎石及轮胎碎片冲击分层、冰冻/熔化湿膨胀和热冲击造成的分层脱胶、夹芯结构水分侵入引起的分层[见图1-4(d)]等损伤。

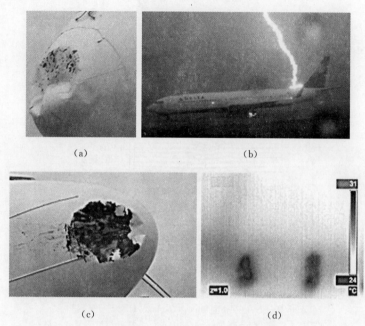

(a)　　　　　　　　　　　(b)

(c)　　　　　　　　　　　(d)

图1-4　不同冲击类型和冲击能量可能造成的损伤

(a)冰雹冲击；(b)雷击烧蚀 ；(c)鸟撞；(d)水分侵入

　　在所有损伤中,冲击损伤发生频率最高,图1-5给出整架客机不同部位受到不同能量级别冲击的例子,供设计参考,但冲击能量值不可作为设计值。其损伤形式如图1-6所示,可见损伤与不可见损伤如图1-7所示。

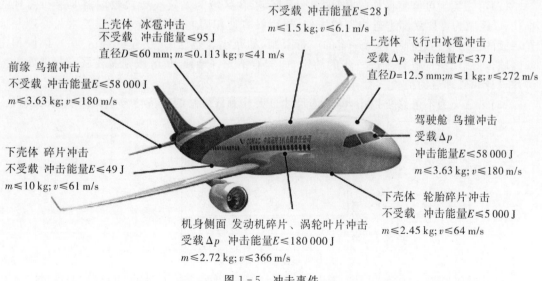

上壳体　工具跌落
不受载　冲击能量$E \leqslant 28$ J
$m \leqslant 1.5$ kg;$v \leqslant 6.1$ m/s

上壳体　冰雹冲击
不受载　冲击能量$\leqslant 95$ J
直径$D \leqslant 60$ mm;$m \leqslant 0.113$ kg;$v \leqslant 41$ m/s

上壳体　飞行中冰雹冲击
受载Δp　冲击能量$E \leqslant 37$ J
直径$D = 12.5$ mm;$m \leqslant 1$ kg;$v \leqslant 272$ m/s

前缘　鸟撞冲击
不受载　冲击能量$E \leqslant 58\ 000$ J
$m \leqslant 3.63$ kg;$v \leqslant 180$ m/s

驾驶舱　鸟撞冲击
受载Δp
冲击能量$E \leqslant 58\ 000$ J
$m \leqslant 3.63$ kg;$v \leqslant 180$ m/s

下壳体　碎片冲击
不受载　冲击能量$E \leqslant 49$ J
$m \leqslant 10$ kg;$v \leqslant 61$ m/s

下壳体　轮胎碎片冲击
不受载　冲击能量$E \leqslant 5\ 000$ J
$m \leqslant 2.45$ kg;$v \leqslant 64$ m/s

机身侧面　发动机碎片、涡轮叶片冲击
受载Δp　冲击能量$E \leqslant 180\ 000$ J
$m \leqslant 2.72$ kg;$v \leqslant 366$ m/s

图1-5　冲击事件

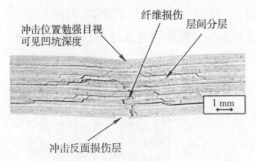

图 1-6 典型复合材料的三种损伤形式（横切面）

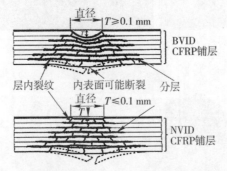

BVID—Barely Visible Impact Damage,勉强目视可见损伤
NVID—Not Visible Impact Damage,目视不可见损伤
CFRP—Carbon Fiber Reinforced Polymer,碳纤维增强复合材料

图 1-7 冲击损伤勉强目视可见损伤与目视不可见损伤示意

1.2.3 损伤界定

可检出的损伤通常分为三种不同的类型,如图 1-8 所示。

(1)第一类为允许损伤,如图中 A 区域所示,尽管损伤可检,但由于损伤深度浅,结构仍具有全部的极限承载能力,无需修复。

(2)第二类为可修复损伤,如图中 B～F 区域:B 区域为确定飞行次数内需要进行修理的损伤;C 区域为需要立即进行修理的损伤,修后没有使用限制;D 区域表示需要永久修理并且在后续的运营使用过程中进行一定的飞行限制,如减小客舱压力、仅允许货运等;E 区域相比 D 区域,对使用条件进行了进一步的约定,如客舱不允许增压;F 区域则需要联系制造商进行维修设计和修理后的检验。

(3)第三类为不可修复损伤,即损伤尺寸过大或者从维修的经济性考虑无需修复的损伤。

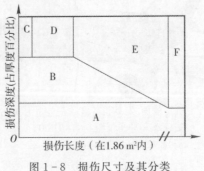

图 1-8 损伤尺寸及其分类

下面对三类损伤的修复方法进行说明。

（1）允许损伤。允许损伤也称为可忽略损伤或无需修理损伤，它是指机体中不影响强度、刚度或部件功能的损伤。这类损伤规定的局部结构损伤和部分材料缺失是允许的，可通过简单方法修复，如刻痕、划伤等的平整恢复。

（2）可修复损伤。可修复损伤的修理方法通常考虑采用补片修理和插入法修理。采用补片法修理的损伤是指可以通过在构件受损区贴补片的方法进行修理的损伤，补片与构件未损伤区域连接，以恢复全部承载能力和机体的耐久性。对于机体结构的每一个元件，如果损伤适用于补片修理，则其材料标识和修理图解目录应在结构修理手册中进行规定。采用插入法修理的损伤是指必须去除构件损伤部分，然后通过插入形状和材料相同（或相似）的元件来修理的损伤，插入元件端面的对接应保证现存构件和插入元件之间载荷传递的连续性。对于机体结构的每一个元件，如果损伤适用于插入法修理，则其材料标识和修理图解目录也应在结构修理手册中进行规定。

（3）不可修复损伤。不可修理的损伤从修理方法上归类为必须更换的损伤，主要有以下三种情况：第一种是尺寸较小构件，若不是可忽略损伤则通常进行构件的更换处理；第二种是一些承受高应力的构件，因为修理后无足够的安全裕度，只能进行更换处理；第三种是构件的布局难以实施修理的操作程序，损伤后也只能进行构件的更换。

以冲击造成的损伤为例，图 1-9 给出了冲击能量与损伤结构剩余强度的关系，可以看出：当受损结构的剩余强度足够，即大于结构规定的承载极限时，为允许损伤，不需要修理或者仅装饰性修理；当受损结构的剩余强度小于结构规定的承载极限时，要求进行结构修复，一种修复方式是通过补片或插入法进行局部修理，另一种方式是更换整个构件。

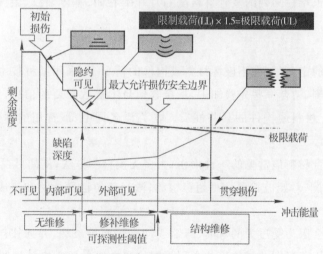

图 1-9　CFRP 剩余承载能力与冲击能量的关系

1.2.4　损伤探测技术

如前文所述，我们可将损伤分为允许损伤、可修复损伤及不可修复损伤三类，那么针对这三种损伤，需关注其对应的损伤检测手段及方法。

1. 敲击检测法

目视检测是最简易、成本最低的一种无损检测方法,该方法经常与敲击检测法或者无损检测法配合使用。敲击检测法是一种古老的且又是最普遍、最易于实施的廉价检测方法。检测者通过敲击被检工件,根据声音的声调和响度,作出判断。接收声音可用耳朵直接听,也可以用专用接收器接收,接收到的信号通过大脑或仪器进行分析。根据激励和接收信号的差异,就可以对被检工件与粘接构件等的性能进行判断。

敲击检测方法通常可以分为整体敲击激励检测和局部敲击激励检测两大类。敲击检测的激励方法主要有硬币敲击和小锤轻敲两种方式。典型的敲击检测仪器有日本三井公司生产的电子敲击检测仪 Woodpecker - 632(见图 1 - 10)和 Staveley Bondmaster 1000 检测仪等。

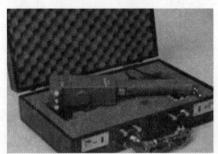

图 1 - 10　Woodpecker - 632 电子敲击检测仪

可用声学敲击系统仪器检测和表征的各种缺陷主要有:蒙皮与蜂窝结构脱粘,由于冲击或过载造成的损伤、压碎,复合材料的空隙、夹杂物和分层,芯拼接和厚度的变化、破损,脱落层、分层(>10 mm),中心脱粘。

用敲击检测法很难检测到的复合材料缺陷有纤维卷曲、基体裂纹、微气孔群、小气孔和小型分层(<10 mm)。

2. 无损检测法

现代无损检测的定义是:在不破坏材料或构件的情况下,采用某种技术手段,对被检对象内部与表面进行探测,结合一些先验知识,从接收信号中提取需要的信息,以确定材料或构件的完整性,或者测定材料或构件的某些性质。在英语名词中,最常用的称谓是 Non-Destructive Testing(NDT)。

冲击损伤是复合材料最常见的一种损伤,大多无损检测方法,例如目视检测、声振检测、超声穿透法 C 扫描检测、兰姆波检测、声-超声检测、激光错位散斑检测和热成像检测等,都可以检测冲击损伤。

芯材结构可能会因为受过大的弯曲、压缩或冲击等而被破坏,并往往伴随着界面剥离,这被称为芯材破碎。用于识别芯材破碎的常用无损检测方法包括激光错位散斑干涉、热成像、X 线摄影、声冲击、机械阻抗和膜共振。当芯材破碎已经产生脱粘,一些方法(如超声 C 扫描等)可以间接检测芯材破碎。声成像能够给出好的芯材破碎视觉图像。

基体开裂是复合材料四种基本损伤模式(基体开裂、纤维断裂、界面脱粘及分层)之一。有许多常用于检测基体开裂的无损检测方法,包括 X 射线照相(通常加渗透剂)和光学显微镜等。检测微裂纹更专业的方法包括声发射、激光错位散斑干涉、振动红外成像法、超声 B 扫描加图像处理、超声背散射和 X 射线折射仪等。

外场检测主要有超声波扫描检测和热学检测两种无损检测手段。

(1)超声波扫描检测。超声波检测(Ultrasonic Testing ,UT)也叫超声检测,是利用超声波技术进行检测工作的,是 5 种常规无损检测方法的一种。超声波检测是最早被开发和研究的无损检测技术之一,并且是目前研究和开发最为活跃的无损检测技术,超声波检测原理示意图如图 1-11 所示。

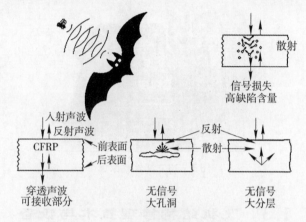

图 1-11　超声波检测原理示意图

超声波探伤的优点是检测厚度大、灵敏度高、速度快、成本低、对人体无害,以及能对缺陷进行定位和定量。然而,超声波检测要求工作表面平滑,且富有经验的检验人员才能辨别缺陷种类,适用于厚度较大的零件检验;同时,它具有以下局限性:对缺陷的显示不直观,探伤技术难度大,容易受到主客观因素影响,以及探伤结果不便于保存。

便携式超声波无损检测设备的种类繁多(见图 1-12),其中脉冲反射式超声波探伤仪应用最广。一般在均匀材料中,缺陷的存在将造成材料不连续,从而使其声阻抗不一致。由反射定理我们知道,超声波在两种不同声阻抗的介质的界面上会发生反射,反射回来的能量大小与交界面两边介质声阻抗的差异和交界面的取向、大小有关。脉冲反射式超声波探伤仪就是根据这个原理设计的。

图 1-12　便携式超声波无损检测设备

(2)热学无损检测。热学无损检测技术是通过探测试样的热学性质变化来获取试样结构信息的技术。按照实现技术和方法差异,热学无损检测有很多种,其中最简单的方法是红外测温技术。常用的有热图无损检测技术、光热辐射无损检测技术和热敏涂料检测技术等。

红外热学无损检测方法的优点是非接触，并且可以在一定距离之外进行测定，避免了一些污染和干扰问题，现代热成像检测集成系统很适合探测冲击损伤。其中，红外热图成像无损检测可以在较大范围内实施检测，检测速度快，适用于扫查工作。使用热成像摄像机简单地监测温度称为被动红外热图检测法，也称被动热图法。该法利用的是飞机着陆后自然产生的瞬态加热效应，它确实可发现机身和机翼的冲击损伤。其缺点是很难检测到良好热匹配的界面、相似材料的夹杂、光学非吸收材料和垂直于表面的裂缝等。红外成像仪如图 1-13 所示。

图 1-13 红外成像仪

1.3 飞机结构修理技术与设备

随着复合材料的发展，目前飞行器复合材料的使用已经从次承力结构发展到了主承力结构，复合材料的修理技术需求也逐渐在扩大。尽管先进复合材料在各行业产品中的应用呈健康增长趋势，但此类结构在长期的服役过程中遇到各种各样问题时，会考验其配套技术是否能够快速跟进，例如复合材料修补技术相比之下较为落后。复合材料修理的设计标准、制造工艺以及连接技术仍然不成熟，结构维修则会在很大程度上受复合材料修补设计标准、工艺等方面的制约。飞机结构修理程序及任务如图 1-14 所示。

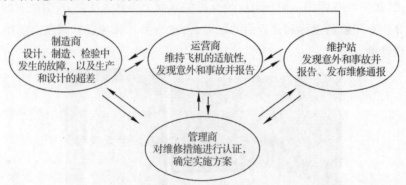

图 1-14 飞机结构修理程序及任务

1.3.1 修理类型及修理方法

修理类型有注射、搭接、斜接、阶梯等，但归根结底可分为胶接、机械连接和胶-机械连接混合三种连接方式，而且修理类型和方法与损伤类型及维护检查要求密切相关。螺栓连接修理并不是一种新方法,它借用传统金属薄板的修理方法,消除了很多胶接修理需要的设备问题。胶接修理通常比螺栓连接更加可靠,因为胶接不产生打孔导致的孔边应力集中问题。螺栓连接修理和胶接修理通常适用于层合板,对于蜂窝夹芯结构,还伴有芯材损伤的修理,因此蜂窝夹芯结构也单独归于一类修理。另外,对于层合板分层和蜂窝夹芯结构的蒙皮-芯材开胶损伤,可以用简单的注射修理,特别适用于外场迅速完成,因此注射修理也单独作为一类修理类型。综上所述,复合材料结构的修理可分为螺栓连接修理、胶接修理、蜂窝夹芯结构修理以及注射修理四类。在复合材料层合结构修理时,一般采用贴补或挖补的方案法,如图 1-15 所示。

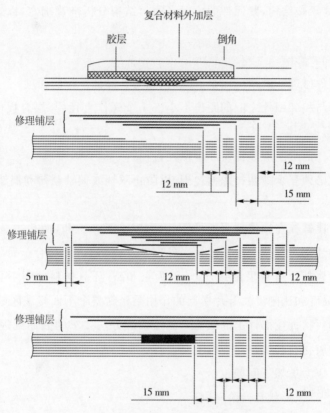

图 1-15　复合材料常用的贴补和挖补修理示意

1. 螺栓连接修理

螺栓连接修理并不是一种新方法,它借用了传统金属薄板的修理方法。螺栓连接一块补片至复合材料损伤区域可能是最快的一种方法,只需做很少的表面处理或不需要做表面处理。

螺栓连接修理消除了很多胶接修理的设备问题和限制,但需要额外挖去一部分材料,如钻孔。钻孔操作可能会造成附加的损伤,若孔的尺寸过大,特别是不能提供背面支持时,会引起构件不正常的承载,采用特殊的钻孔设备可减少这方面问题。在外场修理条件下,相比胶接修理,更适宜采用螺栓连接修理。对于外场修理,若遇到背面不可达的情况,需要采用盲孔紧固件,目前一些改进的盲孔紧固件修理已经获得应用。

螺栓连接修理设计必须考虑到以下几个方面：

(1)补片材料、厚度和形状；

(2)紧固件类型、材料、端头形状和螺杆直径；

(3)紧固件的几何布局；

(4)在军用情况，假定背面不可达，必须用盲孔紧固件；

(5)尽可能用已有的螺栓孔；

(6)螺栓孔使结构强度减弱；

(7)盲孔中的螺栓可能被拔出；

(8)对于关键高承载结构，紧固件的位置必须由结构分析准确确定，以达到恢复设计强度的目的；

(9)紧固件的间隙影响；

(10)盲孔紧固件修理的效果可能是有限的，因为其降低了拉脱强度；

(11)每个螺栓与相邻螺栓之间的距离不小于 4 个螺栓直径，与层合板任一边缘的距离不小于 3 个螺栓直径；

(12)与金属补片的边距应该保持 2 个螺栓直径；

(13)损伤区域必须至少被两排螺栓包围，以防止双轴或偏轴载荷和偶然的螺栓孔过大。

2.胶接修理

胶接补片通常比螺栓连接修理更加可靠，因为胶接不产生孔，而孔边是应力集中的区域。金属和复合材料补片都可胶接于损伤区域。外部补片由铝合金、钛合金、预固化层合板、湿法或预浸料铺叠。金属补片通常采用钛合金，因为它和碳/环氧材料之间不会产生电位腐蚀反应，而且具有高比强度和比刚度。补片所起的作用是密封整个下面修理区域，并且在结构上承担部分施加在修理后构件或部件上的载荷。胶接修理方法要求的表面处理控制更加严格，且需要储藏热敏感的胶材料和价格昂贵的专有设备。

胶接修理设计应考虑如下问题：

(1)补片材料、厚度、形状及台阶斜度；

(2)表面处理情况；

(3)胶黏剂或树脂的要求；

(4)室温储藏能力；

(5)固化周期控制；

(6)胶黏剂和已处理过的补片材料的储藏历史；

(7)要求特殊的方法和设备；

(8)真空加压对于胶接和原位固化修理是足够的；

(9)原位固化修理对于曲面是有利的；

(10)胶接修理在结构上不需要开口，在恢复薄蒙皮层合板强度方面优于螺栓连接修理；

(11)为光滑气动胶接和原位修理提供最有效的强度恢复,对于高承载厚层合板可以恢复到设计强度;

(12)对于承载较小的结构,外部胶接和原位修理足够恢复到设计强度;

(13)硼纤维复合材料比碳纤维复合材料更难钻孔和切削,胶接修理较螺栓连接修理更可取;

(14)对于小补片,可将逐渐变小的薄片堆积在一起,以减小胶黏剂剪切应力的最大值以及补片边缘剥离应力的最大值;

(15)不能使被修理的层合板过热,过热会导致水分膨胀,迫使产生分层,过多加热一个区域可能导致蒙皮起包。

胶接修理包括湿法或预浸料贴补胶接修理和嵌入式斜面胶接修理。

湿法或预浸料贴补胶接修理通常适用于小承载结构或裂纹损伤,并且损伤区域不会经受高温,因为固化是在室温下进行的。这些补片具有下列特性:铺层数任意;铺层方向任意;形状由修理工程师指定;表面可以弯曲;应变水平低(如 2 000 微应变)。如果损伤位于低应变、多表面铺层递减、形状变化剧烈或者形状复杂区域,最好的修理方法是湿法铺贴。如果要求高应变,可以根据模具工装或者备用构件加工预浸料补片,通常需要真空袋。

嵌入式斜面胶接修理可以恢复设计强度。这种修理的费用高于其他方法且通常受到外场修理条件的限制。该方法将层合板表面加工成斜面以得到更大的连接强度,如图 1-16 所示。试验表明,斜面修理获得的连接效率最高,阶梯修理次之。

图 1-16　F-18 尾翼结构嵌入式斜面胶接修理

斜面和阶梯补片与原构件表面齐平,在该齐平面外附加几个加强层,目的是减小连接末端的剥离应力。斜面和阶梯补片修理仅在场站或维修基地才能进行。斜面修理操作最难的部分是切割正确尺寸的补片,若补片太小则留下间隙,导致树脂填充后形成弱表面,若补片太大会在边缘形成褶皱(见图 1-17)。

嵌入式修理的基本步骤如下:

(1)检测构件以确定损伤位置和程度;

(2)采用切割或打磨的方法去除损伤区域,形成斜面(斜度 1:30);

(3)用热气、热枪或者在烤箱内干燥表面;

（4）按与原先层合板相同的方向和顺序粘贴铺层；

（5）放置真空袋覆盖在修理区上；

（6）采用加热毯或类似的加热系统加热固化；

（7）采用超声检测方法检测修理好的区域；

（8）补片材料通常是原位固化材料，补片的铺层方向与构件的铺层方向层层匹配。

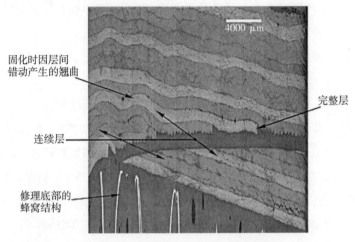

图1-17　补片过大导致补片纤维褶皱

3. 蜂窝夹芯结构修理

蜂窝夹芯结构的损伤通常靠目视或者在无损检测时发现，一般很难查明蜂窝夹层损伤的全部范围，需要将损伤区域的蒙皮去除才能发现。

（1）蜂窝夹芯结构壁板的修理通常需要切割一块新的芯材代替原来的损伤芯材，用泡沫胶将其粘牢，然后贴上与原蒙皮匹配的外蒙皮。

（2）对于最小设备的快速修理，在一个小的损伤区域快速注入填充物或复合泡沫通常可以恢复原来的气动表面，只有很少或者没有性能损失，而且质量增加很少。

（3）对于损伤非常严重的蜂窝夹芯结构，通常采取的措施为，小心去除损伤部位的蒙皮和芯材，然后打磨掉任何可能暴露的漆和底胶。替代铺层切割成与损伤区域精确匹配的形状，并且与原来预浸料铺层方向相同。为了获取最大的胶接整体性和最小的孔隙率，将修理好的区域用真空袋覆盖，在固化过程中对修理区域施加压力。

（4）蜂窝夹芯壁板结构修理的普遍问题是水分进入蜂窝内部，这通常由复合材料蒙皮上产生的微裂纹引起。必须把蒙皮剥离后，将蜂窝夹芯干燥或替换，然后把修理补片贴上。如果水分进入蜂窝夹层，在修理加热过程中将变为蒸汽，并且不能够将构件吹干。

4. 注射修理

树脂注射修理方法是修理分层和蒙皮-夹芯开胶的主要方法。树脂通过边缘或钻孔/紧固孔注入损伤区域，将损伤区域重新黏结。

修理方法的选取通常取决于损伤的类型和程度、作用的载荷以及修理所增加的结构质量。蜂窝夹芯壁板结构可以采用如下方法进行修理：

（1）小面积损伤的修理方法。首先,清洁损伤表面;然后,用填充物或复合泡沫填充损伤区域。

（2）中等损伤的修理方法。若损伤区域较小,和/或载荷不大,或修理的质量不超过允许的质量限制,则用注入混合物来稳定原有芯材;若超过了上述限制条件,应该考虑采用以下两种方法进行修理。

（3）用复合泡沫填充修理。第一,去除损伤区域;第二,用复合泡沫填充;第三,将填充物打磨,使其与周围蒙皮齐平;第四,胶接和固化覆盖在最外部的蒙皮补片。

（4）用蜂窝芯材填充修理。第一,去除损伤区域;第二,填入一块新的蜂窝芯材;第三,用胶黏剂或复合泡沫在原位固定新的夹芯;第四,固化外部补片。

1.3.2　修理设备简介

复合材料修理常用的设备有空压机、气动直角打磨机、红外烤灯、电热毯和复合材料热补仪,它们分别如图 1-18～图 1-20 所示。

图 1-18　空压机和气动直角打磨机

图 1-19　红外烤灯和电热毯

图 1-20　符合 FAA 标准的复合材料热补仪

参 考 文 献

[1] BREUER U P. Commercial Aircraft Composite Technology[M]. Berlin：Press of Springer，2016.

[2] 贝克，罗斯.飞机金属结构复合材料修理技术[M].琼斯，董登科，丁惠梁，译，北京：航空工业出版社，2017.

[3] 刘斌.复合材料胶接修补参数优化及修后性能研究[D].西安：西北工业大学，2016.

[4] 李顶河，飞机复合材料结构修理：理论、设计及应用[M].北京：科学出版社，2019.

[5] 徐绯，刘斌，李文英，等.复合材料修理技术研究进展[J].玻璃钢/复合材料，2014（8）：105－112.

[6] 牛春匀.实用飞机复合材料结构设计与制造[M].程小全，张纪奎，译.北京：航空工业出版社，2011.

[7] 程普强.先进复合材料飞机结构设计与应用[M].北京：航空工业出版社，2019.

第 2 章 飞机结构复合材料修理的
方案设计与优化

2.1 复合材料力学基础

复合材料是由两种或两种以上不同性能、不同形态的组分材料通过复合工艺组合而成的多相材料。复合材料力学是研究这种新型的各项异性和非均匀质性的材料在外力作用下的受力、变形和破坏的规律,为合理设计、使用复合材料构件并分析其强度、刚度和稳定性提供基本理论和方法。

先从宏观力学角度讨论单层板的刚度和强度,即在研究复合材料力学性能时,假定材料是匀质的,而将组分仅仅作为复合材料的平均表观性能来考虑。在宏观力学中,各类材料参数只能由宏观实验获得。单层板的宏观力学分析是层合结构分析的基础,即研究正交各向异性、均匀、连续的单层板,在线弹性、小变形情况下的刚度和强度。

2.1.1 单层板的正轴刚度

一般层合板的厚度小于结构的其他尺寸,在复合材料分析与设计中将单层板假设为平面应力状态,即只考虑面内应力分量,如图 2-1 所示。正应力、剪应力符号规则与材料力学中的规定是一致的。

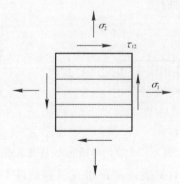

图 2-1 单层板应力分量图

单层板是正交各向异性材料。考虑复合材料处于线弹性、小变形的情况,故叠加原理仍能适用,全部应力分量引起某一方向的应变分量,等于分量引起某一方向的应变分量的代数和。我们可以把组合看成单轴应力的简单叠加。利用两个单轴试验和一个纯剪试验的结果建立正轴的应力-应变关系。

（1）纵向单轴试验。单向复合材料纤维方向称为纵向。如图 2 - 2(a)所示，纤维方向，即材料主方向 1 承受单轴应力 σ_1，由此引起双轴应变，在线弹性情况下试验的应力-应变曲线如图 2 - 2(b)所示，则建立如下应变-应力关系。

$$\left.\begin{aligned}\varepsilon_1^{(1)} &= \frac{1}{E_1}\sigma_1 \\ \varepsilon_2^{(1)} &= -\nu_1\varepsilon_1^{(1)} = -\frac{\nu_1}{E_1}\sigma_1\end{aligned}\right\} \tag{2-1}$$

式中：E_1 为纵向弹性模量（GPa）；ν_1 为纵向泊松比，即 $\nu_1 = \nu_{21} = -\dfrac{\varepsilon_2^{(1)}}{\varepsilon_1^{(1)}}$；$\varepsilon_1^{(1)}$ 为由 σ_1 引起的纵向应变；$\varepsilon_2^{(1)}$ 为由 σ_1 引起的横向应变。

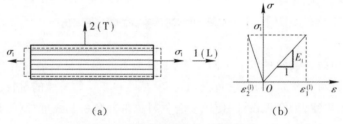

(a)　　　　　　　　　　　(b)

图 2 - 2　纵向单轴应力-应变关系

（2）横向单轴试验。垂直于纤维的方向称为横向。如图 2 - 3(a)所示，垂直于纤维方向，即材料的另一主方向 2 承受单轴应力 σ_2，由此也将引起双轴应变。其应力-应变曲线如图 2 - 3(b)所示。由此可建立如下的应力-应变关系。

$$\left.\begin{aligned}\varepsilon_2^{(2)} &= \frac{1}{E_2}\sigma_2 \\ \varepsilon_1^{(2)} &= -\nu_2\varepsilon_2^{(2)} = -\frac{\nu_2}{E_2}\sigma_2\end{aligned}\right\} \tag{2-2}$$

式中：E_2 为横向弹性模量（GPa）；ν_2 为横向泊松比，即 $\nu_2 = \nu_{12} = -\dfrac{\varepsilon_1^{(2)}}{\varepsilon_2^{(2)}}$；$\varepsilon_1^{(2)}$ 为由 σ_2 引起的纵向应变；$\varepsilon_2^{(2)}$ 为由 σ_2 引起的横向应变。

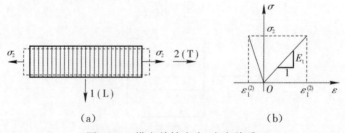

(a)　　　　　　　　　　　(b)

图 2 - 3　横向单轴应力-应变关系

（3）面内剪切试验。图 2 - 4(a)表示单向板在材料的两个主方向上（即两个正轴向）处于纯剪应力状态。这种纯剪应力状态可利用薄壁圆管的扭转试验等方法来实现。在纯剪应力状态下的应力-应变曲线如图 2 - 4(b)所示。

$$\gamma_{12} = \frac{1}{G_{12}}\tau_{12} \tag{2-3}$$

式中，G_{12} 为面内剪切模量。

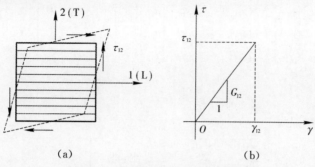

（a） （b）

图 2-4 面内剪切应力-应变关系

（4）单层板的正轴应力-应变关系。在线弹性范围内，单层板主方向的复杂应力状态可以转化为单层板弹性主方向单向应力状态相叠加，其相应的应变状态也可以叠加。

当 σ_1、σ_2 和 τ_{12} 共同作用时，有

$$
\left.
\begin{aligned}
\varepsilon_1 &= \varepsilon_1^{(1)} + \varepsilon_1^{(2)} = \frac{1}{E_1}\sigma_1 - \frac{\nu_2}{E_2}\sigma_2 \\[2mm]
\varepsilon_2 &= \varepsilon_2^{(2)} + \varepsilon_2^{(1)} = \frac{1}{E_2}\sigma_2 - \frac{\nu_1}{E_1}\sigma_1 \\[2mm]
\gamma_{12} &= \frac{1}{G_{12}}\tau_{12}
\end{aligned}
\right\}
\tag{2-4}
$$

单层板在正轴向的应变-应力关系，也称为广义胡克定律。与通常金属材料的广义胡克定律相类似，只是这里有 5 个工程弹性常数：E_1、E_2、ν_1、ν_2 和 G_{12}。

单层板正轴向的应力-应变的关系可写成如下的矩阵形式。

$$
\begin{bmatrix} \varepsilon_1 \\ \varepsilon_2 \\ \gamma_{12} \end{bmatrix} =
\begin{bmatrix}
\dfrac{1}{E_1} & -\dfrac{\nu_2}{E_2} & 0 \\[3mm]
-\dfrac{\nu_1}{E_1} & \dfrac{1}{E_2} & 0 \\[3mm]
0 & 0 & \dfrac{1}{G_{12}}
\end{bmatrix}
\begin{bmatrix} \sigma_1 \\ \sigma_2 \\ \tau_{12} \end{bmatrix}
\tag{2-5}
$$

将联系应变-应力关系的各个系数可以简单记成

$$
\left.
\begin{aligned}
s_{11} &= \frac{1}{E_1} \\[2mm]
s_{22} &= \frac{1}{E_2} \\[2mm]
s_{66} &= \frac{1}{G_{12}} \\[2mm]
s_{12} &= -\frac{\nu_2}{E_2} \\[2mm]
s_{21} &= -\frac{\nu_1}{E_1} \\[2mm]
s_{16} &= s_{61} = s_{26} = s_{62} = 0
\end{aligned}
\right\}
\tag{2-6}
$$

这些量称为柔量分量(或柔度分量),则式(2-5)可以写成

$$
\begin{bmatrix} \varepsilon_1 \\ \varepsilon_2 \\ \gamma_{12} \end{bmatrix} = \begin{bmatrix} s_{11} & s_{12} & s_{16} \\ s_{21} & s_{22} & s_{26} \\ s_{61} & s_{62} & s_{66} \end{bmatrix} \begin{bmatrix} \sigma_1 \\ \sigma_2 \\ \tau_{12} \end{bmatrix} = \begin{bmatrix} s_{11} & s_{12} & 0 \\ s_{21} & s_{22} & 0 \\ 0 & 0 & s_{66} \end{bmatrix} \begin{bmatrix} \sigma_1 \\ \sigma_2 \\ \tau_{12} \end{bmatrix} \tag{2-7}
$$

缩写为

$$
\boldsymbol{\varepsilon}_1 = \boldsymbol{s}\boldsymbol{\sigma}_1 \tag{2-8}
$$

可以将各项系数记为

$$
\left.\begin{aligned}
Q_{11} &= ME_1 \\
Q_{22} &= ME_2 \\
Q_{66} &= G_{12} \\
Q_{12} &= M_{\nu_2} E_1 \\
Q_{21} &= M_{\nu_1} E_2 \\
Q_{16} &= Q_{61} = Q_{26} = Q_{62} = 0
\end{aligned}\right\} \tag{2-9}
$$

这些量称为模量分量,可以将应力-应变关系式用模量分量表示:

$$
\begin{bmatrix} \sigma_1 \\ \sigma_2 \\ \tau_{12} \end{bmatrix} = \begin{bmatrix} Q_{11} & Q_{12} & Q_{16} \\ Q_{21} & Q_{22} & Q_{26} \\ Q_{61} & Q_{62} & Q_{66} \end{bmatrix} \begin{bmatrix} \varepsilon_1 \\ \varepsilon_2 \\ \gamma_{12} \end{bmatrix} = \begin{bmatrix} Q_{11} & Q_{12} & 0 \\ Q_{21} & Q_{22} & 0 \\ 0 & 0 & Q_{66} \end{bmatrix} \begin{bmatrix} \varepsilon_1 \\ \varepsilon_2 \\ \gamma_{12} \end{bmatrix} \tag{2-10}
$$

缩写为

$$
\boldsymbol{\sigma}_1 = \boldsymbol{Q}\boldsymbol{\varepsilon}_1 \tag{2-11}
$$

综上所述,单层板的正轴刚度为单层材料主方向的刚度,有三种形式:工程弹性常数、模量分量和柔量分量。

2.1.2 单层板的偏轴刚度

复合材料设计时,所取坐标系往往不与材料的正轴坐标重合,因此需要在偏轴方向进行应力的转换。偏轴也有三种形式:偏轴模量、偏轴柔量和偏轴工程弹性常数。

规定自偏轴 x 转至正轴 1 的夹角 θ 逆时针转向为正,顺时针转向为负,如图 2-5 所示。

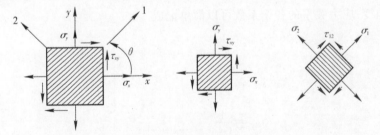

图 2-5 单层偏轴应力及转换

可采用应力转换矩阵由偏轴应力求正轴应力,转换矩阵为

$$
\boldsymbol{T}_\sigma = \begin{bmatrix} m^2 & n^2 & 2mn \\ n^2 & m^2 & -2mn \\ -mn & mn & m^2 - n^2 \end{bmatrix} \tag{2-12}
$$

式中，$m = \cos\theta, n = \sin\theta$。转换公式为

$$\boldsymbol{\sigma}_1 = \boldsymbol{T}_\sigma \boldsymbol{\sigma}_x \tag{2-13}$$

经过适当变化，对转换矩阵求逆，可得由正轴应力求偏轴应力的公式：

$$\boldsymbol{\sigma}_x = \boldsymbol{T}_\sigma^{-1} \boldsymbol{\sigma}_1 \tag{2-14}$$

式中，逆转换矩阵为

$$\boldsymbol{T}_\sigma^{-1} = \begin{bmatrix} m^2 & n^2 & -2mn \\ n^2 & m^2 & 2mn \\ mn & -mn & m^2 - n^2 \end{bmatrix} \tag{2-15}$$

应变的坐标转化（见图 2-6），按应变定义有

$$\left. \begin{array}{l} \varepsilon_x = \dfrac{\partial u}{\partial x} \\[2mm] \varepsilon_y = \dfrac{\partial v}{\partial y} \\[2mm] \gamma_{xy} = \dfrac{\partial v}{\partial x} + \dfrac{\partial u}{\partial y} \end{array} \right\} \tag{2-16}$$

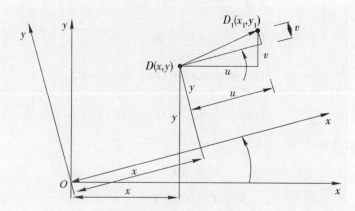

图 2-6　应变的坐标转换

经过推导后，应变转换矩阵为

$$\boldsymbol{T}_\varepsilon = \begin{bmatrix} m^2 & n^2 & mn \\ n^2 & m^2 & -mn \\ -2mn & 2mn & m^2 - n^2 \end{bmatrix} \tag{2-17}$$

由偏轴应变求正轴应变的转换公式为

$$\boldsymbol{\varepsilon}_1 = \boldsymbol{T}_\varepsilon \boldsymbol{\varepsilon}_x \tag{2-18}$$

逆转换矩阵为

$$\boldsymbol{T}_\varepsilon^{-1} = \begin{bmatrix} m^2 & n^2 & -mn \\ n^2 & m^2 & mn \\ 2mn & -2mn & m^2 - n^2 \end{bmatrix} \tag{2-19}$$

由正轴应变求偏轴应变的转换公式为

$$\boldsymbol{\varepsilon}_x = \boldsymbol{T}_\varepsilon^{-1} \boldsymbol{\varepsilon}_1 \tag{2-20}$$

单层板的偏轴模量为

$$\boldsymbol{\sigma}_x = \bar{\boldsymbol{Q}}\boldsymbol{\varepsilon}_x \tag{2-21}$$

$$\bar{\boldsymbol{Q}} = \boldsymbol{T}_\sigma^{-1}\boldsymbol{Q}\boldsymbol{T}_\varepsilon \tag{2-22}$$

整理得

$$\left.\begin{aligned}
\bar{Q}_{11} &= U_{1Q} + U_{2Q}\cos2\theta + U_{3Q}\cos4\theta \\
\bar{Q}_{22} &= U_{1Q} - U_{2Q}\cos2\theta + U_{3Q}\cos4\theta \\
\bar{Q}_{12} &= U_{4Q} - U_{3Q}\cos4\theta \\
\bar{Q}_{66} &= 0.5(U_{1Q} - U_{4Q}) - U_{3Q}\cos4\theta \\
\bar{Q}_{16} &= 0.5U_{2Q}\sin2\theta + U_{3Q}\sin4\theta \\
\bar{Q}_{16} &= 0.5U_{2Q}\sin2\theta - U_{3Q}\sin4\theta
\end{aligned}\right\} \tag{2-23}$$

式中，U_{iQ} 是与单层方向角 θ 无关的正轴模量的线性组合，所以也是材料常数。

$$\left.\begin{aligned}
U_{1Q} &= \frac{1}{8}(3Q_{11} + 3Q_{22} + 2Q_{12} + 4Q_{66}) \\
U_{2Q} &= \frac{1}{2}(Q_{11} - Q_{22}) \\
U_{3Q} &= \frac{1}{8}(Q_{11} + Q_{22} - 2Q_{12} - 4Q_{66}) \\
U_{4Q} &= \frac{1}{8}(Q_{11} + Q_{22} + 6Q_{12} - 4Q_{66})
\end{aligned}\right\} \tag{2-24}$$

单层偏轴柔量为

$$\boldsymbol{\varepsilon}_x = \bar{\boldsymbol{S}}\boldsymbol{\sigma}_x \tag{2-25}$$

$$\bar{\boldsymbol{S}} = \boldsymbol{T}_\varepsilon^{-1} \cdot \boldsymbol{S} \cdot \boldsymbol{T}_\sigma \tag{2-26}$$

式中，$\bar{\boldsymbol{S}}$ 称为偏轴柔量矩阵（柔度矩阵），$\boldsymbol{S}$ 矩阵的元素 $\bar{S}_{ij}(i,j=1,2,6)$ 称为偏轴柔量。展开式（2-26）便得偏轴柔量各分量，即

$$\bar{S}_{11} = S_{11}m^4 + (2S_{12} + S_{66})m^2n^2 + S_{22}n^4$$

$$\bar{S}_{22} = S_1 1n^4 + (2S_{12} + S_{66})m^2n^2 + S_{22}m^4$$

$$\bar{S}_{12} = S_{12}(m^4 + n^4) + (S_{11} + S_{22} - S_{66})m^2n^2$$

$$\bar{S}_{66} = S_{66}(m^4 + n^4) + 2(2S_{11} + 2S_{22} - 4S_{12} - S_{66})m^2n^2$$

$$\bar{S}_{16} = (2S_{11} - 2S_{12} - S_{66})m^3n - (2S_{22} - 2S_{12} - S_{66})mn^3$$

$$\bar{S}_{26} = (2S_{11} - 2S_{12} - S_{66})mn^2 - (2S_{22} - 2S_{12} - S_{66})m^3n$$

式中，$\bar{S}_{11}$、$\bar{S}_{12}$、$\bar{S}_{22}$、$\bar{S}_{66}$ 是 θ 的偶函数，$\bar{S}_{16}$ 和 $\bar{S}_{26}$ 是 θ 的奇函数。6 个偏轴柔量分量只与 4 个独立材料常数 S_{11}、S_{22}、S_{12} 和 S_{66} 有关，因此偏轴柔量实际上仍只有 4 个独立分量。

幂函数形式的柔量变换公式在计算上是比较麻烦的，这里再利用偏轴模量的三角函数的

倍角计算方法对其进行变形,得到倍角函数形式的偏轴柔量公式为

$$\overline{S}_{11} = U_{1S} + U_{2S}\cos2\theta + U_{3S}\cos4\theta$$

$$\overline{S}_{22} = U_{1S} + U_{2S}\cos2\theta + U_{3S}\cos4\theta$$

$$\overline{S}_{12} = U_{4S} - U_{3S}\cos4\theta$$

$$\overline{S}_{66} = 2(U_{1S} - U_{4S}) - 4U_{3S}\cos4\theta$$

$$\overline{S}_{16} = U_{2S}\sin2\theta + 2U_{3S}\sin4\theta$$

$$\overline{S}_{26} = U_{2S}\sin2\theta - 2U_{3S}\sin4\theta$$

式中,U_{iS} 是正轴柔量得线性组合,又称柔量不变量。

$$
\left.
\begin{aligned}
U_{1S} &= \frac{1}{8}(3S_{11} + 3S_{22} + 2S_{12} + 4S_{66}) \\
U_{2S} &= \frac{1}{2}(S_{11} - S_{22}) \\
U_{3S} &= \frac{1}{8}(S_{11} + S_{22} - 2S_{12} - S_{66}) \\
U_{4S} &= \frac{1}{8}(S_{11} + S_{22} + 6S_{12} - S_{66})
\end{aligned}
\right\}
\tag{2-27}
$$

2.2　单层板的强度

2.2.1　正交各项异性单层板的基本强度

正交各项异性单层板的基本强度主要包括以下 5 个参数:X_t 为纵向拉伸强度;X_c 为纵向压缩强度;Y_t 为横向拉伸强度;Y_c 为横向压缩强度;S 为面内剪切强度。

1. 最大应力强度准则和最大应变强度准则

最大应力强度准则认为:复合材料在复杂应力状态下进入破坏是由于其中某个分量达到了材料相应的基本强度值。则最大应力强度准则判据式为

$$
\left.
\begin{aligned}
&-X_c < \sigma_1 < X_t \\
&-Y_c < \sigma_2 < Y_t \\
&|\tau_{12}| < S
\end{aligned}
\right\}
\tag{2-28}
$$

最大应变强度准则认为:复合材料在复杂应力状态下进入破坏的主要原因是材料正轴方向应变值达到了各基本强度所对应的应变值。则最大应变强度准则判据式为

$$
\left.
\begin{aligned}
&-\varepsilon_{X_c} < \varepsilon_1 < \varepsilon_{X_t} \\
&-\varepsilon_{Y_c} < \varepsilon_2 < \varepsilon_{Y_t} \\
&|\gamma_{12}| < \gamma_S
\end{aligned}
\right\}
\tag{2-29}
$$

利用单层正轴应变-应力关系式改写为用应力表达的形式,即

$$
\left.
\begin{array}{l}
-X_{c} < \sigma_1 - v_1\sigma_2 < X_{t} \\
-Y_{c} < \sigma_2 - v_2\sigma_1 < Y_{t} \\
|\tau_{12}| < S
\end{array}
\right\} \tag{2-30}
$$

2. 蔡-希尔(Tsai - Hill)强度准则

蔡-希尔强度准则认为,正交各向异性复合材料单层的强度条件为

$$
\frac{\sigma_1^2}{X^2} - \frac{\sigma_1\sigma_2}{X^2} + \frac{\sigma_2^2}{Y^2} + \frac{\tau_{12}^2}{S^2} < 1 \tag{2-31}
$$

该准则原则上只能用于在弹性主方向材料的拉伸强度和压缩强度相同的复合材料单层。

3. 霍夫曼(Hoffman)强度准则

霍夫曼强度准则增加了 σ_1 和 σ_2 的奇数项,体现了单层拉压强度不相等对材料破坏的影响,即

$$
\frac{\sigma_1^2 - \sigma_1\sigma_2}{X_{t}X_{c}} + \frac{\sigma_2^2}{Y_{t}Y_{c}} + \frac{X_{c} - X_{t}}{X_{t}X_{c}}\sigma_1 + \frac{Y_{c} - Y_{t}}{Y_{t}Y_{c}}\sigma_2 + \frac{\tau_{12}^2}{S^2} < 1 \tag{2-32}
$$

4. 蔡-吴(Tsai - Wu)张量准则

蔡-吴张量准则综合了多个强度准则特性,以张量形式提出新的强度准则,即

$$
F_i\sigma_i + F_{ij}\sigma_i\sigma_j < 1 \tag{2-33}
$$

对于平面应力状态,在工程设计中通常仅取张量多项式的前两项。则式(2-33)变为

$$
F_{11}\sigma_1^2 + 2F_{12}\sigma_1\sigma_2 + F_{22}\sigma_2^2 + F_{66}\sigma_6^2 + 2F_{16}\sigma_1\sigma_6 + 2F_{26}\sigma_2\sigma_6 +
$$

$$
F_1\sigma_1 + F_2\sigma_2 + F_6\sigma_6 < 1 \tag{2-34}
$$

系数 F_i 和 F_{ij} 称为应力空间的强度参数,这些参数为

$$
\left.
\begin{array}{l}
F_1 = \dfrac{1}{X_{t}} - \dfrac{1}{X_{c}} \\[3mm]
F_{11} = \dfrac{1}{X_{t}X_{c}} \\[3mm]
F_2 = \dfrac{1}{Y_{t}} - \dfrac{1}{Y_{c}} \\[3mm]
F_{22} = \dfrac{1}{Y_{t}Y_{c}} \\[3mm]
F_{66} = \dfrac{1}{S^2} \\[3mm]
F_{12} = -\dfrac{1}{2}\sqrt{F_{11}F_{22}} = -\dfrac{1}{2}\sqrt{\dfrac{1}{X_{t}X_{c}Y_{t}Y_{c}}}
\end{array}
\right\} \tag{2-35}
$$

2.2.2 层合板宏观力学

在复合材料结构中,层合板是应用最广泛的结构之一。由于它可以制成多种结构形式,并可采用多种工艺方法成型,可设计性强,在航空航天飞行器结构中应用十分普遍。充分利用复

合材料层合板的这种特性可以得到性能优良的结构。

层合板是由两层或两层以上按不同方向配置的单层板层合而成的整体结构单元。构成层合板的单层可以是同种材料,也可以是不同材料,每层材料铺设方向和铺设顺序按设计要求确定。

2.2.3　一般层合板刚度

一般层合板是对单层材料、铺叠方向与铺设顺序等没有任何限制的各种层合板,层合板的刚度用层合板的刚度系数、柔度系数和工程弹性常数三种形式给出。层合板内力-应变关系式的系数称为刚度系数,而层合板的应变-内力关系式的系数称为柔度系数。

2.2.4　经典层合板理论

经典层合板理论假定:

(1)层合板的各铺层间黏结层很薄且黏结牢固,层间不产生滑移;

(2)层合板是薄板,层合板的厚度不改变,忽略 σ_z,各单层按平面应力状态分析;

(3)层合板弯曲变形在小挠度范围,变形前垂直于中面的直线在变形后仍保持直线,并垂直于中面(相当于忽略了垂直于中面的平面内的剪应变,即 $\gamma_{xz} = \gamma_{yz} = 0$,$z$ 是中面的法向),且该直线的长度不变,即 $\varepsilon_z = 0$(这称为直线法假设)。

1. 层合板的应变

取坐标系中 $z=0$ 的 xOy 面为中面(一般用平分板厚的面作为中面),沿板厚范围内 x、y、z 方向的位移分别为 u、v、w,中面上点(x,y,z)的位移为 u_0、v_0、w_0,并且 u_0、v_0、w_0 只是 x、y 的函数,其中 w_0 为板的挠度。

为了依据上述假设导出层合板的内力-应变关系式,给出如下的应变位移关系式:

$$\begin{bmatrix} \varepsilon_x \\ \varepsilon_y \\ \gamma_{xy} \end{bmatrix} = \begin{bmatrix} \varepsilon_x^0 \\ \varepsilon_y^0 \\ \gamma_{xy}^0 \end{bmatrix} + z \begin{bmatrix} k_x \\ k_y \\ k_{xy} \end{bmatrix} \tag{2-36}$$

可缩写为

$$\boldsymbol{\varepsilon} = \boldsymbol{\varepsilon}^0 + z\boldsymbol{k} \tag{2-37}$$

式中,k_x,k_y 为层合板中面弯曲变形的曲率,简称"弯曲率";k_{xy} 为层合板中面扭曲变形的曲率,简称"扭曲率"。

$$\left. \begin{aligned} k_x &= -\frac{\partial^2 w_0}{\partial x^2} \\ k_y &= -\frac{\partial^2 w_0}{\partial y^2} \\ k_{xy} &= -2\frac{\partial^2 w_0}{\partial x \partial y} \end{aligned} \right\} \tag{2-38}$$

2. 层合板的内力

作用于层合板上的合力与合力矩,由沿着层合板厚度积分各单层上的应力得到。经典层合理论只考虑平面应力状态,不考虑单层之间的层间应力。由于各层之间的 Q_{ij} 可以是不同

的,因此是不连续的,只能分层积分。将这些内力定义在单位宽度上,则得

$$
\begin{bmatrix} N_x \\ N_y \\ N_{xy} \end{bmatrix} = \int_{-h/2}^{h/2} \begin{bmatrix} \sigma_x \\ \sigma_y \\ \tau_{xy} \end{bmatrix} \mathrm{d}z = \sum_{k=1}^{n} \int_{z_{k-1}}^{z_k} \begin{bmatrix} \sigma_x^{(k)} \\ \sigma_y^{(k)} \\ \tau_{xy}^{(k)} \end{bmatrix} \mathrm{d}z \\
\begin{bmatrix} M_x \\ M_y \\ M_{xy} \end{bmatrix} = \int_{-h/2}^{h/2} \begin{bmatrix} \sigma_x \\ \sigma_y \\ \tau_{xy} \end{bmatrix} z\mathrm{d}z = \sum_{k=1}^{n} \int_{z_{k-1}}^{z_k} \begin{bmatrix} \sigma_x^{(k)} \\ \sigma_y^{(k)} \\ \tau_{xy}^{(k)} \end{bmatrix} z\mathrm{d}z
$$
(2-39)

可缩写为

$$
\boldsymbol{N} = \sum_{k=1}^{n} \int_{z_{k-1}}^{z_k} \boldsymbol{\sigma}^{(k)} \mathrm{d}z \\
\boldsymbol{M} = \sum_{k=1}^{n} \int_{z_{k-1}}^{z_k} \boldsymbol{\sigma}^{(k)} z\mathrm{d}z
$$
(2-40)

3. 层合板的内力-应变关系

当层合板在载荷作用下产生变形,各单层的应力-应变关系仍满足单层时的关系,对于第 k 层,则应力-应变关系为

$$
\begin{bmatrix} \sigma_x^{(k)} \\ \sigma_y^{(k)} \\ \tau_{xy}^{(k)} \end{bmatrix} = \begin{bmatrix} \bar{Q}_{11}^{(k)} & \bar{Q}_{12}^{(k)} & \bar{Q}_{13}^{(k)} \\ \bar{Q}_{21}^{(k)} & \bar{Q}_{22}^{(k)} & \bar{Q}_{23}^{(k)} \\ \bar{Q}_{31}^{(k)} & \bar{Q}_{23}^{(k)} & \bar{Q}_{33}^{(k)} \end{bmatrix} \begin{bmatrix} \varepsilon_x^{(k)} \\ \varepsilon_y^{(k)} \\ \gamma_{xy}^{(k)} \end{bmatrix}
$$
(2-41)

缩写为

$$
\boldsymbol{\sigma}^{(k)} = \bar{Q}^{(k)} \boldsymbol{\varepsilon}^{(k)}
$$
(2-42)

代入式(2-40)积分可得

$$
\boldsymbol{N} = \boldsymbol{\varepsilon}^{(0)} \sum_{k=1}^{n} \bar{Q}^{(k)} \int_{z_{k-1}}^{z_k} \mathrm{d}z + \boldsymbol{k} \sum_{k=1}^{n} \bar{Q}^{(k)} \int_{z_{k-1}}^{z_k} z\mathrm{d}z = \\
\boldsymbol{\varepsilon}^{(0)} \sum_{k=1}^{n} \bar{Q}^{(k)} (z_k - z_{k-1}) + \frac{1}{2}\boldsymbol{k} \sum_{k=1}^{n} \bar{Q}^{(k)} (z_k^2 - z_{k-1}^2)
$$
(2-43)

$$
\boldsymbol{M} = \boldsymbol{\varepsilon}^{(0)} \sum_{k=1}^{n} \bar{Q}^{(k)} \int_{z_{k-1}}^{z_k} z\mathrm{d}z + \boldsymbol{k} \sum_{k=1}^{n} \bar{Q}^{(k)} \int_{z_{k-1}}^{z_k} z^2 \mathrm{d}z = \\
\frac{1}{2}\boldsymbol{\varepsilon}^{(0)} \sum_{k=1}^{n} \bar{Q}^{(k)} (z_k^2 - z_{k-1}^2) + \frac{1}{3}\boldsymbol{k} \sum_{k=1}^{n} \bar{Q}^{(k)} (z_k^3 - z_{k-1}^3)
$$
(2-44)

将其写成全矩阵形式为

$$
\begin{bmatrix} N_x \\ N_y \\ N_{xy} \\ \vdots \\ M_x \\ M_y \\ M_{xy} \end{bmatrix} = \begin{bmatrix} A_{11} & A_{12} & A_{16} & \cdots & B_{11} & B_{12} & B_{16} \\ A_{21} & A_{22} & A_{26} & \cdots & B_{21} & B_{22} & B_{26} \\ A_{61} & A_{62} & A_{66} & \cdots & B_{61} & B_{62} & B_{66} \\ \vdots & \vdots & \vdots & & \vdots & \vdots & \vdots \\ C_{11} & C_{12} & C_{16} & \cdots & D_{11} & D_{12} & D_{16} \\ C_{21} & C_{22} & C_{26} & \cdots & D_{21} & D_{22} & D_{26} \\ C_{61} & C_{62} & C_{66} & \cdots & D_{61} & D_{62} & D_{66} \end{bmatrix} \begin{bmatrix} \varepsilon_x^0 \\ \varepsilon_y^0 \\ \gamma_{xy}^0 \\ \vdots \\ k_x \\ k_y \\ k_{xy} \end{bmatrix}
$$
(2-45)

简化矩阵:

$$\begin{bmatrix} \boldsymbol{N} \\ \vdots \\ \boldsymbol{M} \end{bmatrix} = \begin{bmatrix} \boldsymbol{A} & \vdots & \boldsymbol{B} \\ \vdots & \vdots & \vdots \\ \boldsymbol{C} & \cdots & \boldsymbol{D} \end{bmatrix} \begin{bmatrix} \boldsymbol{\varepsilon}^0 \\ \vdots \\ \boldsymbol{k} \end{bmatrix} \tag{2-46}$$

$$\boldsymbol{\varepsilon}^0 = \begin{bmatrix} \varepsilon_x^0 \\ \varepsilon_y^0 \\ \gamma_{xy}^0 \end{bmatrix}, \boldsymbol{k} = \begin{bmatrix} k_x \\ k_y \\ k_{xy} \end{bmatrix}, \boldsymbol{N} = \begin{bmatrix} N_x \\ N_y \\ N_{xy} \end{bmatrix}, \boldsymbol{M} = \begin{bmatrix} M_x \\ M_y \\ M_{xy} \end{bmatrix}$$

式中：$\boldsymbol{A}$ 是联系面内力与中面应变的矩阵，称为面内刚度矩阵，$\boldsymbol{A} = \begin{bmatrix} A_{ij} \end{bmatrix}$；$\boldsymbol{D}$ 是联系弯曲率、扭曲率和弯扭内力的矩阵，称为弯度刚度矩阵，$\boldsymbol{D} = \begin{bmatrix} D_{ij} \end{bmatrix}$；$\boldsymbol{B}$ 是联系面内应变与弯扭内力（或弯扭变形与面内力）的矩阵，称为耦合刚度矩阵，$\boldsymbol{B} = \begin{bmatrix} B_{ij} \end{bmatrix}$。

$$\left. \begin{aligned} A_{ij} &= \sum_{k=1}^n \int_{z_{k-1}}^{z_k} \bar{Q}_{ij}^{(k)} \, \mathrm{d}z = \sum_{k=1}^n \bar{Q}_{ij}^{(k)} (z_k - z_{k-1}) \\ B_{ij} &= \sum_{k=1}^n \int_{z_{k-1}}^{z_k} \bar{Q}_{ij}^{(k)} z \, \mathrm{d}z = \frac{1}{2} \sum_{k=1}^n \bar{Q}_{ij}^{(k)} (z_k^2 - z_{k-1}^2) \\ D_{ij} &= \sum_{k=1}^n \int_{z_{k-1}}^{z_k} \bar{Q}_{ij}^{(k)} z^2 \, \mathrm{d}z = \frac{1}{3} \sum_{k=1}^n \bar{Q}_{ij}^{(k)} (z_k^3 - z_{k-1}^3) \end{aligned} \right\} \tag{2-47}$$

为使同一块层合板的这些刚度系数易于比较，并与单层板相关联，设：

$$N^* = \frac{N}{h\left(\dfrac{N}{m^2}\right)}, M^* = \frac{6M}{h^2\left(\dfrac{N}{m^2}\right)}, k^* = \frac{hk}{2} \tag{2-48}$$

$$A_{ij}^* = \frac{A_{ij}}{h\left(\dfrac{N}{m^2}\right)}, B_{ij}^* = \frac{2B_{ij}}{h^2\left(\dfrac{N}{m^2}\right)}, D_{ij}^* = \frac{12D_{ij}}{h^3\left(\dfrac{N}{m^2}\right)}$$

则变化后的矩阵为

$$\begin{bmatrix} \boldsymbol{N}^* \\ \vdots \\ \boldsymbol{M}^* \end{bmatrix} = \begin{bmatrix} \boldsymbol{A}^* & \cdots & \boldsymbol{B}^* \\ \vdots & & \vdots \\ 3\boldsymbol{B}^* & \cdots & \boldsymbol{D}^* \end{bmatrix} \begin{bmatrix} \boldsymbol{\varepsilon}^0 \\ \vdots \\ \boldsymbol{k}^* \end{bmatrix} \tag{2-49}$$

正则化的意义：k^* 和 M^* 的含义（见图 2-7）表明，如果假设弯曲变形引起的应力沿板厚线性分布（实际上层合板是分层线性分布的，即只有单层板才是沿层厚线性分布的），M^* 代表底面应力，这只是一种名义应力，由基本假定可知，应变是线性分布的，故 k^* 就是弯曲变形引起的底面真实应变。

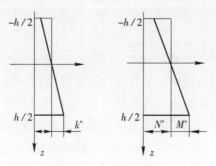

图 2-7　正则化的意义

对正则化的应力-应变矩阵求逆后，解得

$$\begin{bmatrix} \boldsymbol{\varepsilon}^0 \\ \vdots \\ \boldsymbol{k}^* \end{bmatrix} = \begin{bmatrix} \boldsymbol{\alpha}^* & \cdots & \dfrac{1}{3}\boldsymbol{\beta}^* \\ \vdots & & \vdots \\ \boldsymbol{\beta}^{* \mathrm{T}} & \cdots & \boldsymbol{\delta}^* \end{bmatrix} \begin{bmatrix} \boldsymbol{N}^* \\ \vdots \\ \boldsymbol{M}^* \end{bmatrix} \tag{2-50}$$

式中，$\boldsymbol{\alpha}^*$、$\boldsymbol{\beta}^*$、$\boldsymbol{\delta}^*$ 分别为正则化面内柔度系数矩阵、正则化耦合柔度系数矩阵和正则化弯曲柔度系数矩阵。

综上所述，采用正则化的中面曲率和正则化坐标 z^* 表示，即

$$z^* = \frac{z}{h/2} \tag{2-51}$$

则有

$$\begin{bmatrix} \varepsilon_x \\ \varepsilon_y \\ \gamma_{xy} \end{bmatrix} = \begin{bmatrix} \varepsilon_x^0 \\ \varepsilon_y^0 \\ \gamma_{xy}^0 \end{bmatrix} + z^* \begin{bmatrix} k_x^* \\ k_y^* \\ k_{xy}^* \end{bmatrix} \tag{2-52}$$

简写成

$$\boldsymbol{\varepsilon} = \boldsymbol{\varepsilon}^0 + z^* \boldsymbol{k}^* \tag{2-53}$$

2.2.5 层合板的强度

1. 层合板各单层应力计算与强度校核

由方向角不同的单层叠合而成的多向层合板，强度校核时必须分析各单层的应力，然后按选定的强度准则对各单层的强度作出判断。由于层合板具有层合的结构形式，在外载荷作用下一般是逐层失效的，因此必须作出单层应力分析，可近似通过单层的强度来预测层合板强度。计算流程如图 2-8 所示。

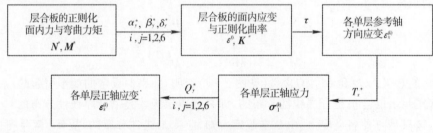

图 2-8　单层板强度计算流程图

计算出各单层应力后，如仅要求做强度校核，则只需按选定的强度准则对各单层作出判断。

2. 层合板的强度

层合板破坏不是突然发生的，破坏首先从最先达到了组合破坏应力的单层开始；由于该单层（可以是一层或几层）的失效，影响了层合板的刚度特性，各单层的应力状态要重新调整，层合板的刚度和强度重新分配，使总体刚度发生变化，在宏观上类似于"屈服"，随后当载荷继续增大时，又出现下一层破坏；如此循环，直至层合板全部单层都失效。因此，层合板的强度指标一般有两个：在外载荷作用下，层合板最先一层失效时的层合板正则化内力称为最先一层失效强度，其对应的载荷称为最先一层失效载荷；层合板各单层全部失效时的层合板正则化内力称为层合板的极限强度，其对应的载荷称为极限载荷。

（1）最先一层失效强度的确定。首先对层板的单层应力进行分析，然后利用强度比方程计算各单层的强度比，强度比最小的单层最先失效，即为最先失效层。最先失效单层失效时的层合板正则化内力即为层合板最先一层失效强度。

（2）极限强度的确定。层合板失效过程极为复杂，一般对失效单层按如下准则降级：若 $\sigma_1 < X$，则 $Q_{11} = Q_{22} = Q_{66} = 0$，$Q_{11}$ 不变；若 $\sigma_1 \geqslant X$，则 $Q_{11} = Q_{12} = Q_{22} = Q_{66} = 0$。即认为当失效单层的纵向应力尚未达到纵向强度 X 时，破坏发生于基体相，则该层横向模量分量和剪切模量分量为零，纵向模量分量不变；若纵向应力 σ_1 已达到纵向强度 X，破坏发生于纤维相，则该层全部模量分量都为零。失效单层降级后整个层合板仍按经典层合板理论计算刚度。失效计算流程如图 2-9 所示。

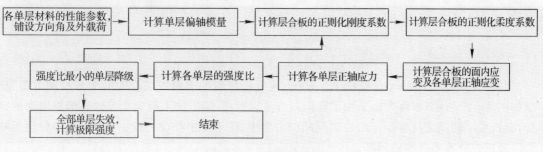

图 2-9　失效计算流程

2.3　胶接修理结构设计综述

1957 年，J. L. Lubkin 提出了斜胶接修补理论和方法。1973 年，Hart-Smith 首先提出了基于连续体力学和数值的斜胶接与阶梯胶接修补的 2D 模型，但其主要针对的是均匀材料，未涉及复合材料，如图 2-10 及图 2-11 所示。

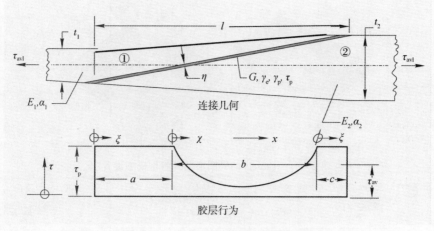

图 2-10　Hart-Smith 的斜胶接理论模型

1998—2000 年，Ahn 等基于修正的 Hart-Smith 模型分析了复合材料层合板及复合材料层合板挖补修理的拉伸问题。2002 年，A. Barut 和 J. Hanauska 对双轴载荷下的复合材料搭接修补问题进行了解析法研究。H. Engels 和 W. Becker 采用解析法求解了椭圆形贴补修理问题，如图 2-12 所示。

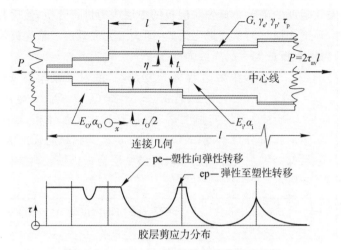

图 2-11　Hart-Smith 的阶梯胶接理论模型

　　2006 年, A. B. Harman 和 C. H. Wang 推导出最新的求解胶层应力的微分控制方程, 模型如图 2-13 所示, 求解方法采用了有限差分法。然而, 该方法不能完全反映各铺层刚度的突变, 会产生不能描述所有 0°层对应胶层的应力集中、应力集中处应力较小、45°层对应胶层无峰值以及应力分布不对称的问题。

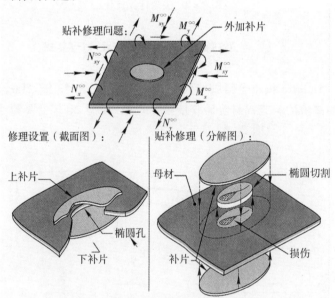

图 2-12　Engels 的椭圆形贴补解析模型设置

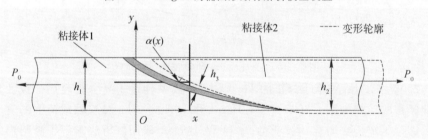

图 2-13　Harman 的推导控制方程的斜接示意图

在国内，2001 年李顶河建立了阶梯修补的半解析法，该方法基于 Hamilton 无网格方法，其模型示意图如图 2-14 所示。

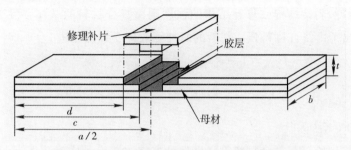

图 2-14　三维阶梯胶接结构半解析法模型示意图

综上可知，采用纯解析法来求解斜接修补的胶层应力非常烦琐，传统的简单估算法又无法精确预测胶层的应力集中，所以半解析法既可以相对精确地得到斜胶接复合材料结构胶层的应力分布，又避免了解析法的烦琐复杂以及条件约束限制问题。

下文综述并总结了几种设计修补的方法——平均剪应力法、最大剪应力修正系数法、弹-塑性最大剪应变法、等效应变法和等强度设计方法。在这些不同方法中，每一种方法有各自的优势，可基于损伤理论从公式或模型中推演复合材料斜胶接结构的拉伸强度。

（1）平均剪应力法。对于各向同性材料，平均剪应力法计算的胶层应力准确，其表达式为

$$\tau_{av} = \frac{1}{2}\sigma_{applied}\sin 2\alpha \qquad (2-54)$$

（2）最大剪应力修正系数法。对于复合材料层合板，胶层应力是沿斜接线变化的，不是常量。最大剪应力可写成

$$\tau_{max} = K\tau_{av} \qquad (2-55)$$

式中，K 为胶层剪应力集中系数。

Jones 和 Graves 的报告建议，对准各向同性复合材料的斜接结构，K 取 2.88。Baker 用铺层角度的百分比及刚度比来确定 K 值，即

$$K = \frac{1}{p_0 + p_{45}\dfrac{E_{45}}{E_0} + p_{90}\dfrac{E_{90}}{E_0}} \qquad (2-56)$$

式中，p 和 E 代表铺层的百分比及其对应铺层角度的偏轴模量。

（3）弹-塑性最大剪应变法。基于弹-塑性 FEM（Finite Element Method，有限元法）考虑了铺层顺序、铺层不匹配、层板厚度及胶层屈服因素对应变集中的影响，再进行试验对比，最终提出了一种对斜胶接结构具有一阶精度的新的设计方法。由于斜接面胶接的胶体经常使用延性材料，呈现弹-塑性行为，因此 C. H. Wang 给出了准各向同性复合材料层合板斜胶接结构考虑胶材料弹-塑性本构的最大剪应变预测方法，即

$$\frac{\gamma_{max}}{\gamma_Y} = \frac{\alpha}{1 - \tau_{av}/\tau_Y} - \beta \qquad (2-57)$$

式中：γ_{max} 为最大剪应变；γ_Y 为胶材料的屈服应变；τ_Y 为胶的屈服应力；α、β 为与复合材料铺层顺序

有关的经验系数,$\alpha=0.435$,$\beta=0.116$。

(4)复合材料尖端的第一应变不变量及 Von Mises 等效应变法。若胶层强度大于复合材料基体的拉伸强度,斜接结构或修补结构的强度则由复合材料的基体强度来预测。因此,C. H. Wang 还给出了由复合材料强度判断的两种等效应变判断方法。

$$J_1 = (1 - \nu_{12} - \nu_{13})K_J \varepsilon_{\text{applied}} \tag{2-58}$$

$$\varepsilon_{vM} = \frac{1}{\sqrt{2}}\sqrt{(1+\nu_{12})^2 + (1+\nu_{13})^2 + (\nu_{12}+\nu_{12})^2}\,K_\varepsilon \varepsilon_{\text{applied}} \tag{2-59}$$

式中,$K_J \approx 2.0$,$K_\varepsilon \approx 1.5$。

(5)斜接结构中胶层与复合材料等强度设计方法。若设计中希望胶层与复合材料最薄弱点同时破坏,即服从胶层与复合材料等强度设计原则,则优化的斜接角度为

$$\theta_{\text{optimal}} = \frac{1}{2}\sin^{-1}\left[\frac{2\tau_Y g(\gamma_{\text{ult}}/\gamma_Y)}{EK_\varepsilon \varepsilon_{\text{un-notched}}}\right] \tag{2-60}$$

式中:g 为与斜接面位置相关的函数,见下式;$\varepsilon_{\text{un-notched}}$ 为复合材料单向带破坏应变。

$$g(x) = 1 - \frac{\alpha}{x+\beta} \tag{2-61}$$

式中,α 与 β 是与复合材料铺层顺序有关系的经验系数,对于准各向同性复合材料层合板,$\alpha=0.435$,$\beta=0.116$。

斜接修补和阶梯修补需要去除大量的母材材料,研究者们为了在降低胶层应力的前提下尽量减少层合板母材的去除量,纷纷致力于优化外加层厚度、补片形状及补片铺层角度和顺序的研究,试图通过改变复合材料补片的刚度、几何形状等打破传统的"补片母材铺层一致"观点,最终使得补片的传力最佳、胶层应力最小。

2009 年,T. D. Breitzman 等通过优化外加层厚度使对复合材料斜接结构胶层 Von-Mises 应力最小。Chun H. Wang 和 Andrew J. Gunnion 依据等应力设计准则,针对双轴面内载荷的复合材料斜胶接修补结构的补片形状进行了优化(见图 2-15)。2012 年,李顶河等采用有限元对复合材料圆柱加筋壳的阶梯式挖补进行了参数化研究,考虑了载荷、阶梯数、铺层顺序及补片铺层错误对胶层应力的影响。2013 年,徐建新等基于 Matlab 遗传算法及有限元研究了复合材料阶梯挖补修理的阶梯数、胶层厚度对强度及屈曲的影响。2014 年,B. Liu 等应用 2D 平面应变模型分析了复合材料斜胶接应力集中问题,采用试验设计方法系统分析了补片各参数的敏感性和交互效应,使用遗传算法针对三种不同约束优化了补片的铺层,并对优化结果进行稳健性分析。2015 年,H. Bendemra 采用二维斜接及阶梯连接模型对不同复合材料单层厚度、胶层厚度、斜接角度、铺层顺序、附加层铺层角度及附加层长度下的胶层剪切应力及剥离应力的敏感性进行研究,结果表明层厚、铺层顺序及斜接角度三个参数最为敏感,并用三维圆形斜接、阶梯修补有限元模型进行了验证。

综上可知,除了减小斜接角度、增大粘接面积外,试图通过优化补片形状、补片铺层等方法来减少斜接挖补去除材料的方案是可行的,但需要进一步对各参数的敏感性以及敏感性高的参数进行优化研究。

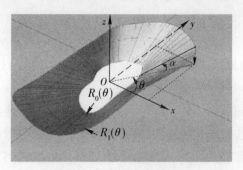

图 2-15　斜接面建模及优化

2.4　复合材料胶接形式与破坏模式

本节主要对单面搭接、双面搭接、阶梯型搭接和斜搭接连接形式进行设计。

2.4.1　胶层的力学性能

在胶接接头设计分析中,胶层应力分布与静强度设计时,需要胶层剪切应力-应变曲线及有关力学特性数据。实际胶层剪切应力-应变曲线较复杂,难以直接用到连接分析中,等效弹-塑性曲线及等效双线性曲线是常用的两种简化模型。通过这样简化,更有可能得到显示函数的解析解。考虑到实验室与实际生产条件之间的差异及胶层缺陷的影响,应将最大剪应力乘以 0.8 的系数。

2.4.2　胶接连接特点

与金属材料胶接相比,复合材料结构胶接具有以下几个特点。

(1) 胶接纤维连续,无钻孔引起的应力集中,不削弱元件的承载能力,连接效率高;能有效阻止裂纹扩展,破损安全性好,可获得光滑气动外形。

(2) 碳纤维复合材料沿纤维方向的线膨胀系数小,它与金属胶接时,由于热膨胀系数差别较大,在高温固化后会产生较大的内应力和变形。

(3) 碳纤维复合材料层间拉伸强度低,它不像金属连接那样在胶层产生剥离破坏,而易在连接端部层压板的层间产生剥离破坏,对较厚胶接件,不宜采用简单的单搭接连接形式。

从强度观点考虑,胶接连接设计的基本原则如下。

(1) 选择合理的连接形式,使胶层在最大强度方向受剪力;尽可能避免胶层受到法向力,以防止剥离破坏。

(2) 尽可能减小应力集中。

(3) 力求避免连接端部层压板发生层间剥离破坏。

(4) 高温工作时,所选胶黏剂的热膨胀效应与被胶接件相近。

(5) 承受动载荷时,应选低模量韧性胶黏剂。

2.4.3 胶接形式

复合材料胶接连接的技术关键在于保证连接的可靠性。它可以有多种结构形式,一般来讲,可以将其分为平面胶接和非平面胶接两大类。

(1)平面胶接。主要包括单搭接、双搭接、斜面搭接和阶梯形搭接四种基本连接形式;针对不同的设置需求,还有一些特殊连接形式,例如单盖板对接、榫形胶接和楔形胶接。

(2)非平面胶接。主要有 T 形、L 形、帽形、Y 形和 Ⅱ 形接头,可以实现具有一定角度的复合材料结构元件的连接,如蒙皮和腹板的连接,并能提供良好的力学性能,降低装配成本,是整体化复合材料结构设计的研究热点。

2.4.4 胶接连接破坏模式

1. 胶接载荷类型

胶接连接一般有 5 种载荷类型,分别是:面外拉伸、面内压缩、面内拉伸、劈裂和剥离。这5 种载荷对胶层产生 5 种应力方式。

(1)由作用在被胶接件上的面内拉伸产生的剪应力,另外扭转或纯剪切载荷也会产生剪应力;

(2)由面外拉伸载荷产生的拉伸应力;

(3)由面外压缩载荷产生的压缩应力;

(4)由作用在薄被胶接件上的面外载荷产生的剥离应力;

(5)由作用在刚性厚被胶接件连接末端的面外拉伸产生的裂劈应力。

2. 胶接破坏模式

在工程实际中,拉伸载荷作用下单搭接胶接主要有 4 种破坏模式:被胶接件断裂、被胶接件剥离破坏、胶层剪切破坏和胶层剥离破坏。除了以上 4 种基本的破坏模式以外,还会发生组合破坏。胶接连接发生何种模式的破坏,与连接形式、结构几何参数、临近胶层的纤维方向和载荷性质有关。当被胶接件很薄而胶接强度足够时,易发生被胶接件的拉伸或拉弯破坏。当被胶接件较厚,但偏心力矩尚小时,易发生胶层的剪切破坏。

2.5 复合材料胶接解析法与半解析法

本节对胶接修理力学性能进行全面分析,采用解析法与改进的半解析法对复合材料进行修理设计。由于胶接修理为多层结构,要用聚合物胶黏剂把正交异性的补片胶接到有裂纹的板件上,因此其中所呈现的应力状态非常复杂。

胶接修理的主要作用是有效地降低所修理裂纹的应力强度因子,从而把剩余强度恢复到可接受的水平,同时使得在疲劳条件下有足够小的裂纹扩展速率,以保证有可接受的剩余寿命或检查间隔。因此,修理后裂纹的应力强度因子将起着重要的作用。

2.5.1　基于断裂力学应力强度因子的解析法

复合材料补片的多层性使其应力状态十分复杂,但在很多情况下,由于建模工作量和计算量太大,补片与被修理结构之间的应力传递仅限于很小的修理区域,没有必要去使用数值方法,而简化的解析模型分析这种问题效率更高,并且能更好地解释胶接修理重要参数对细节应力的影响。

采用的研究对象是含椭圆补片的中心裂纹平板(见图 2 - 16),胶接修理可能会以很多种模式破坏。假设该修理结构没有面外变形,沿 x 轴的裂纹长度为 $2a$,补片形状为标准的椭圆,则有

$$\left(\frac{x}{A}\right)^2 + \left(\frac{y}{B}\right)^2 \leqslant 1 \qquad (2-62)$$

根据叠加原理,将上述应力状态分解为纯拉伸和纯剪切两种简单应力状态。先主要讨论纯拉伸应力状态。从几何形状可将其分为单面修理和双面修理两类。双面修理时结构对称,不会产生面外弯曲变形,只承受拉伸载荷。然而,在实际修理中,很难做到双面修理,如机身、机翼蒙皮等部位。

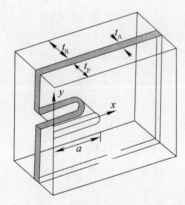

图 2 - 16　含椭圆补片的中心裂纹平板

我们分为两个阶段进行分析。阶段 I,首先考虑把增强件胶接到一个无裂纹的板件上,分析此时引起的应力重分布,主要研究无裂纹板件上沿着预期裂纹的法向应力 σ_0。在对称修理(双面修理)和理想支撑的单面修理中,这个预期应力呈均匀分布(见图 2 - 17),而对于无支撑的单面修理可看作线性分布。

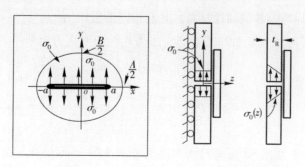

图 2 - 17　补片修理裂纹应力示意图

阶段Ⅱ,对受内压 $-\sigma_0$ 作用的裂纹,确定其周围的应力分布。由于裂纹的存在,在两个裂纹尖端 $x=\pm a$ 处存在应力奇异。这里,把在 $x=a$ 处的应力强度因子 K_r 定义为

$$K_r(z) = \lim_{x \to \infty} \sqrt{2\pi(x-a)}\,\sigma_{yy}^P \quad (x, y=0, z) \tag{2-63}$$

修理以后,K_r 将依变于应力比 λ 和增强件的长宽比 B/A。如果胶层为弹性状态,主要的未知数 K_r、σ_{max}^A、τ_{max}^A、σ_{max}^B 将线性依变于外加主应力。该方法只代表在多层结构中的某一层包含的裂纹,对这个问题解析求解是极难处理的,因此,必须进行适当简化。虽然现在可利用有限元软件详细分析,但这种精确求解大部分是没必要的。解析解能够有效地使设计优化,因此优先于数值求解。

1. 对称修理或完全支撑单面修理

根据前文一维等效结果分析得出结论,在增强板件处的预期应力 $\sigma_0 = \sigma_P(x=0)$。

$$\sigma_0 \approx \frac{\sigma^\infty}{1+S} \tag{2-64}$$

式中,S 为刚度比。

$$S = \frac{1-\nu_P^2}{1-\nu_R^2}\frac{E_R t_R}{E_P t_P} \tag{2-65}$$

裂纹扩展示意图如图 2-18 所示。

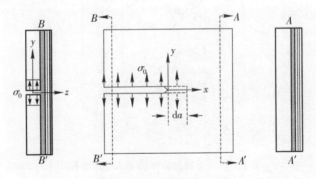

图 2-18 裂纹扩展示意图

(1)第一阶段:夹杂物模拟。

首先对于用胶接增强件对无裂纹的板件进行局部加筋,考虑其应力再分布。由于刚度增加,增强的区域将吸引更多的载荷,可把这个增强区看作是一个比周围板件刚度更高的夹杂物。

取板件和增强补片均为各向同性材料并具有相同泊松比($\nu_P = \nu_R = \nu$)时所得到的结果。在增强的区域内($|x| \leqslant A$),板件中沿着 $y=0$ 方向的预期应力为

$$\sigma_0 = \varphi\sigma^\infty \tag{2-66}$$

式中,

$$\varphi = \frac{1}{Z}\left[4 + 2\frac{B}{A} + 2\frac{A}{B} + S\left(3 + \nu + 2\frac{A}{B}\right) + S\lambda\left(1 - \nu - 2\nu\frac{B}{A}\right)\right] \tag{2-67}$$

$$Z = 3(1+S)^2 + 2(1+S)(B/A + A/B + \nu S) + 1 - \nu^2 S^2 \tag{2-68}$$

夹杂物模拟还给出了板在增强区以外的应力。在 $x=0$,$y=B+$(代表补片外,即 $y \geqslant$

B) 点的应力，因为它代表了由于所谓的载荷吸引效应而增加的应力。可以把刚超出补片处的应力与远场应力之比定义为载荷吸引系数 Ω_{L}。

$$\Omega_{L} = \frac{\sigma_{yy}^{p}(0, B+)}{\sigma^{\infty}} \qquad (2-69)$$

这个载荷吸引系数的范围在 $1 \sim 2$ 之间，前者相当于无限宽的补片，后者为零宽度的补片。对于典型的圆形补片情况，其载荷吸引系数大约为 1.2。

(2) 第二阶段：应力强度因子。

对于未修理的含裂纹结构，应力强度因子为

$$K_{0} = \sigma_{0}\sqrt{\pi a} \qquad (2-70)$$

由于补片的约束作用会使应力强度因子值下降，这提供了 K_{r} 的上限值。然而，当裂纹的长度增大时，K_{0} 不断增大，但不会超过某个记为 K_{∞} 的极限值。这个极限值就是一个半无限裂纹的应力强度因子。它可以由相应的应变能释放率来确定。

裂纹前进 δ 使势能变化 Π，其定义为应变能改变量 $(U_{E} = 1/2\sigma_{0}t_{p}\delta)$ 与外力所做功 $(W = \sigma_{0}t_{p}\delta)$ 的差值，即

$$\Pi = U_{E} - W = -\frac{1}{2}\sigma_{0}t_{p}\delta \qquad (2-71)$$

裂纹扩展力，亦即应变能释放率为 G_{∞}，有

$$G_{\infty}t_{p} = -\frac{\partial \Pi}{\partial a} = \frac{1}{2}\sigma_{0}t_{p}\delta \qquad (2-72)$$

即

$$G_{\infty} = \frac{\sigma_{0}^{2}}{kE_{P}} \qquad (2-73)$$

假定应变能释放率 G_{∞} 与应力强度因子 K 之间的一般关系成立，由式(2-73)得到

$$K_{\infty} = \frac{\sigma_{0}}{\sqrt{k}} \qquad (2-74)$$

由这个推导过程可知，K_{∞} 是 K_{r} 的上界。

2. 塑性胶层

只有在胶层保持弹性时，前文所导出的应力强度因子解才是正确的。如果最大的胶层剪应力超过了剪切屈服应力，则 σ_{0} 和裂纹张开位移 δ 之间的关系变为非线性，图 2-19 还显示了与 G_{∞} 相应的正确面积。对于一个剪切屈服应力为 τ_{y} 的完全弹-塑性胶层，其达到以下应力时开始屈服。

$$\sigma_{0y} = \frac{\tau_{y}}{\beta t_{p}} \qquad (2-75)$$

此时应变能释放率为

$$G_{\infty} = \sigma_{0}\delta - \int_{0}^{\delta}\sigma_{0}\mathrm{d}\delta = \int_{0}^{\sigma_{0y}}\delta\mathrm{d}\sigma + \int_{\sigma_{0y}}^{\sigma_{0}}\delta\mathrm{d}\sigma_{0} = \frac{\sigma_{0}^{2}}{kE_{P}}\left(\frac{P^{3} + 3P - 1}{3P^{2}}\right) \quad (\sigma_{0} \geqslant \sigma_{0y}) \qquad (2-76)$$

此处

$$P = \frac{\sigma_0}{\sigma_{0y}} \qquad\qquad (2-77)$$

这样,对于 $P \geqslant 1$ 的应力强度因子可以表示为

$$K_\infty = K_{\infty,\mathrm{el}} \left(\frac{P^3 + 3P - 1}{3P^2}\right)^{1/2} \qquad\qquad (2-78)$$

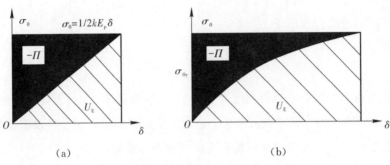

（a）　　　　　　　　　　　（b）

图 2-19　关于将 G_∞ 解释为余能的图解说明

(a)弹性胶层;(b)弹-塑性胶层

其应力强度因子与胶层塑性比的关系如图 2-20 所示。

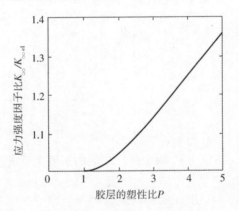

图 2-20　应力强度因子与胶层塑性比的关系

2.5.2　胶层应力分析法——斜面胶接修理半解析法

真实圆形修补结构如图 2-21(a)所示,考虑采用国内外学者推荐和采用的一种简化的非圆形斜接修补结构作为替代,来进行复合材料斜胶接挖补结构的基础研究,如图 2-21(b)所示。

金属或其他均匀材料被斜胶接时,胶层的剪应力及法向剥离应力较均匀。然而,当复合材料斜胶接结构受载时,由于复合材料每个铺层方向的刚度变化,在该层传递的应力也会随之变化,因此胶层的应力会有突变。

1. 改进的半解析法(MAM)求解复合材料斜胶接结构胶层应力

Harman 和 Wang 考虑被粘接楔形体截面的轴向刚度时是基于复合材料截面刚度平均折算方法,不能完全体现复合材料每层刚度的突变,会导致胶层应力沿斜接面不对称、0°层对接

处胶层的剪应力峰值相对较小、45°层对接处胶层无波峰等问题。因此，本节基于Harman方法引入复合材料铺层刚度分配原则以及微分概念，目的是解决以上三个问题，最终形成用于求解复合材料斜胶接修补结构胶层应力的改进的求解方法。

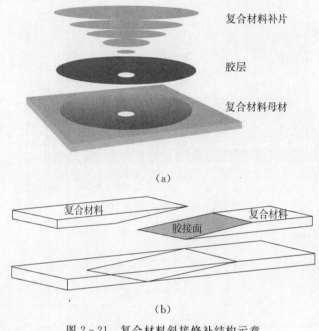

（a）

（b）

图 2-21　复合材料斜接修补结构示意

（a）圆形修补结构；（b）非圆形修补结构

2. 研究对象

研究二维斜面胶接结构在拉伸载荷工况下的胶层应力分布求解问题，力学模型如图 2-22 所示。其中，A、B 为被粘接的复合材料楔形体，C 为斜胶接面胶层，胶层厚度为 t_C，复合材料层板厚度为 H_0，结构任意截面高度为 $h(x)$。坐标方向：x 方向为力的方向或 0°纤维方向，y 方向为层合板厚度方向，z 方向为复合材料层合板单层面内 90°纤维方向。

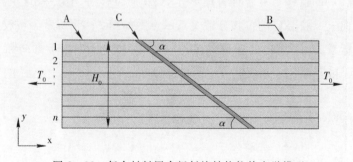

图 2-22　复合材料层合板斜接结构拉伸力学模型

作以下假设：

（1）为了简化问题和抓住问题的主要点，假设这个问题为平面应变模型，即 z 方向的应变 $\varepsilon_x C_z = 0$；

（2）对于相对较薄的复合材料层合板，假设 $\sigma_y = 0$，但 $\varepsilon_x C_y = 0$；

（3）使斜接角 α 保持恒定不变；

（4）将单层正轴刚度转化至偏轴方向，通过改变材料力学弹性模量 E 和泊松比 ν 的方法等效铺层角度变化。

3. 楔形体力平衡

如图 2-23 所示，先建立 x、y 向楔形体力平衡方程。

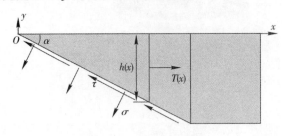

图 2-23　楔形体力平衡

y 向力平衡方程

$$\tau(x)\sin\alpha = \sigma(x)\cos\alpha \qquad (2-79)$$

x 向力平衡方程

$$T(x) = \int_0^x \big[\tau(x)\cos\alpha + \sigma(x)\sin\alpha\big]\mathrm{d}x =$$

$$\int_0^x (\cos\alpha + \sin\alpha\tan\alpha)\tau(x)\mathrm{d}x =$$

$$\int_0^x \frac{1}{\cos\alpha}\tau(x)\mathrm{d}x \qquad (2-80)$$

式中：τ 为胶层切向剪应力；σ 为胶层法向应力；α 为斜接角。

4. 胶层变形分解

为了建立胶层 C 的位移与复合材料楔形体 A、B 的位移协调关系，这里将胶层 C 的位移分解到 x 和 y 方向上。胶层 C 的位移分解关系示意图如图 2-24 所示。将胶层任意方向的位移分解到整体坐标系 xOy 中，以 x、y 方向为正向。那么，胶层 C 在 x 方向和 y 方向上的位移量 Δu_{xC}、Δu_{yC} 与 τ 和 σ 在 x、y 方向上产生的位移量 $\Delta u_{x\tau}$、$\Delta u_{x\sigma}$ 和 $\Delta u_{y\tau}$、$\Delta u_{y\sigma}$ 的关系是

$$\left.\begin{array}{l}\Delta u_{xC} = \Delta u_{x\tau} + \Delta u_{x\sigma} \\ \Delta u_{yC} = \Delta u_{y\tau} + \Delta u_{y\sigma}\end{array}\right\} \qquad (2-81)$$

式中，

$$\left.\begin{array}{l}\Delta u_{x\tau} = \Delta u_\tau \cos\alpha \\[4pt] \Delta u_{x\sigma} = \Delta u_\sigma \sin\alpha \\[4pt] \Delta u_{xC} = \dfrac{t_C}{G_C}\tau(x)\cos\alpha + \dfrac{t_C}{E_C}\sigma(x)\sin\alpha\end{array}\right\} \qquad (2-82)$$

$$\left.\begin{aligned}
\Delta u_{y\tau} &= -\Delta u_\tau \sin\alpha \\
\Delta u_{y\sigma} &= \Delta u_\sigma \cos\alpha \\
\Delta u_{yC} &= -\frac{t_C}{G_C}\tau(x)\sin\alpha + \frac{t_C}{E_C}\sigma(x)\cos\alpha
\end{aligned}\right\} \tag{2-83}$$

式（2-82）和式（2-83）中，E_C 为胶层 C 的弹性模量，G_C 代表胶层 C 的剪切模量，t_C 为胶层 C 的厚度。

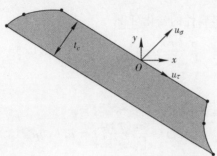

图 2-24　胶层 C 的位移分解关系示意图

5. 楔形体与胶层位移协调

针对 Harman 方法只考虑每个截面上的平均应力，无法获得刚度突变的问题，提出采用微元代替整体截面以及微元的局部应力按刚度分配代替截面总力。微元如图 2-25 所示的 x 截面处的 dx 段，楔形体 A 和楔形体 B 各有一个微元，该微元的截面高度为 dh。刚度分配原则：根据式（2-84）和式（2-85）中的楔形体 A 中的微元的刚度分配比 $\int_{x-dx}^{x} E_{xA}(x)dx \Big/ \int_0^x E_{xA}(x)dx$ 和楔形体 B 中的微元的刚度分配比 $\int_x^{x+dx} E_{xB}(x)dx \Big/ \int_x^L E_{xB}(x)dx$ 分别将 A 和 B 截面上的总力 $T(x)$ 和 $T_0 - T(x)$ 分配到微元上。

$$\sigma_{xA}(x) = \frac{T(x)}{h(x)}\frac{\int_{x-dx}^{x} E_{xA}(x)dx}{\int_0^x E_{xA}(x)dx} \tag{2-84}$$

$$\sigma_{xB}(x) = \frac{T_0 - T(x)}{H_0 - h(x)}\frac{\int_x^{x+dx} E_{xB}(x)dx}{\int_x^L E_{xB}(x)dx} \tag{2-85}$$

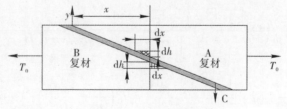

图 2-25　微元示意

根据广义胡克定律可知：

$$\varepsilon_x = \frac{\sigma_x}{E_x} - \left(\frac{\sigma_z}{E_z}\mu_{zx} + \frac{\sigma_y}{E_y}\mu_{yx}\right) \tag{2-86}$$

$$\varepsilon_y = \frac{\sigma_y}{E_y} - \left(\frac{\sigma_x}{E_x}\mu_{xy} + \frac{\sigma_z}{E_z}\mu_{zy}\right) \tag{2-87}$$

$$\varepsilon_z = \frac{\sigma_z}{E_z} - \left(\frac{\sigma_x}{E_x}\mu_{xz} + \frac{\sigma_y}{E_y}\mu_{yz}\right) \tag{2-88}$$

平面应变假设 $\varepsilon_z = 0$,式(2-88)变为

$$\frac{\sigma_z}{E_z} = \frac{\sigma_x}{E_x}\mu_{xz} + \frac{\sigma_y}{E_y}\mu_{yz} \tag{2-89}$$

代入式(2-86)中并考虑材料属性的变化可得

$$\varepsilon_x(x) = \frac{\sigma_x(x)}{E_x(x)} - \frac{\sigma_y(x)}{E_y(x)}\mu_{yx}(x) - \left[\frac{\sigma_x(x)}{E_x(x)}\mu_{xz}(x) + \frac{\sigma_y(x)}{E_y(x)}\mu_{yz}(x)\right]\mu_x(x) \tag{2-90}$$

将 $\sigma_y = 0$ 代入式(2-90)可得

$$\varepsilon_x(x) = \frac{\sigma_x(x)}{E_x(x)}\left[1 - \mu_x(x)\mu_{xz}(x)\right] \tag{2-91}$$

复合材料楔形体 A、B 在相同截面处沿 x 方向的变形之差为胶层 C 在 x 方向的位移,即

$$\Delta u_{xA} - \Delta u_{xB} = \Delta u_{xC} \tag{2-92}$$

同时对式(2-92)两边的 x 进行求导得应变的关系:

$$\varepsilon_{xA} - \varepsilon_{xB} = \varepsilon_{xC} \tag{2-93}$$

将式(2-84)代入式(2-91)得到

$$\varepsilon_{xA} = \frac{1 - \mu_{xzA}(x)\mu_{zxA}(x)}{E_{xA}(x)h(x)}T(x)\frac{\int_{x-dx}^{x} E_{xA}(x)\mathrm{d}x}{\int_{0}^{x} E_{xA}(x)\mathrm{d}x} \tag{2-94}$$

同理,将式(2-85)代入式(2-91)可得

$$\varepsilon_{xB} = \frac{1 - \mu_{xzB}(x)\mu_{zxB}(x)}{E_{xB}(x)\left[H_0 - h(x)\right]}\left[T_0 - T(x)\right]\frac{\int_{x}^{x+dx} E_{xB}(x)\mathrm{d}x}{\int_{x}^{L} E_{xB}(x)\mathrm{d}x} \tag{2-95}$$

先将式(2-79)代入式(2-82),然后对 x 进行求导,可得

$$\varepsilon_{xC} = t_C\left(\frac{1}{G_C} + \frac{\tan^2\alpha}{E_C}\right)\tau'(x)\cos(x) \tag{2-96}$$

将式(2-94)~(2-96)代入式(2-93),得到

$$\frac{1 - \mu_{xzA}(x)\mu_{zxA}(x)}{E_{xA}(x)h(x)}T(x)\frac{\int_{x-dx}^{x} E_{xA}(x)\mathrm{d}x}{\int_{0}^{x} E_{xA}(x)\mathrm{d}x} - \frac{1 - \mu_{xzB}(x)\mu_{zxB}(x)}{E_{xB}(x)\left[H_0 - h(x)\right]} \cdot$$

$$\left[T_0 - T(x)\right]\frac{\int_{x}^{x+dx} E_{xB}(x)\mathrm{d}x}{\int_{x}^{L} E_{xB}(x)\mathrm{d}x} = t_C\left(\frac{1}{G_C} + \frac{\tan^2\alpha}{E_C}\right)\tau'(x)\cos x \tag{2-97}$$

对(2-80)式求两次导数分别可得

$$T'(x) = \frac{1}{\cos\alpha}\tau(x) \tag{2-98}$$

$$T''(x) = \frac{1}{\cos\alpha}\tau'(x) \tag{2-99}$$

将式(2-99)代入式(2-97)再通过变换可得到较 Harman 方法改进的微分控制方程为

$$T''(x) - \frac{1+\tan^2\alpha}{t_C\left(\dfrac{1}{G_C}+\dfrac{\tan^2\alpha}{E_C}\right)}\left\{\frac{1-\mu_{xzA}(x)\mu_{zxA}(x)}{E_{xA}(x)h(x)}\frac{\displaystyle\int_{x-dx}^{x}E_{xA}(x)\mathrm{d}x}{\displaystyle\int_{0}^{x}E_{xA}(x)\mathrm{d}x}+\right.$$

$$\left.\frac{1-\mu_{xzB}(x)\mu_{zxB}(x)}{E_{xB}(x)\left[H_0-h(x)\right]}\frac{\displaystyle\int_{x}^{x+dx}E_{xB}(x)\mathrm{d}x}{\displaystyle\int_{x}^{L}E_{xB}(x)\mathrm{d}x}\right\}T(x)+\frac{\displaystyle\int_{x}^{x+dx}E_{xB}(x)\mathrm{d}x}{\displaystyle\int_{x}^{L}E_{xB}(x)\mathrm{d}x}\cdot$$

$$\frac{1-\mu_{xzB}(x)\mu_{zB}(x)}{E_{xB}(x)\left[H_0-h(x)\right]t_C\cos^2\alpha\left(\dfrac{1}{G_C}+\dfrac{\tan^2\alpha}{E_C}\right)}T_0 = 0 \tag{2-100}$$

式(2-100)也可写成如下形式：

$$T''(x) + q(x)T(x) = r(x) \tag{2-101}$$

式中，

$$q(x) = -\frac{1+\tan^2\alpha}{t_C\left(\dfrac{1}{G_C}+\dfrac{\tan^2\alpha}{E_C}\right)}\left\{\frac{1-\mu_{xzA}(x)\mu_{zxA}(x)}{E_{xA}(x)h(x)}\frac{\displaystyle\int_{x-dx}^{x}E_{xA}(x)\mathrm{d}x}{\displaystyle\int_{0}^{x}E_{xA}(x)\mathrm{d}x}+\right.$$

$$\left.\frac{1-\mu_{xzB}(x)\mu_{zxB}(x)}{E_{xB}(x)\left[H_0-h(x)\right]}\frac{\displaystyle\int_{x}^{x+dx}E_{xB}(x)\mathrm{d}x}{\displaystyle\int_{x}^{L}E_{xB}(x)\mathrm{d}x}\right\}$$

$$r(x) = \frac{\mu_{xzB}(x)\mu_{zB}(x)-1}{E_{xB}(x)\left[H_0-h(x)\right]t_C\cos^2\alpha\left(\dfrac{1}{G_C}+\dfrac{\tan^2\alpha}{E_C}\right)}\frac{\displaystyle\int_{x}^{x+dx}E_{xB}(x)\mathrm{d}x}{\displaystyle\int_{x}^{L}E_{xB}(x)\mathrm{d}x}T_0 \tag{2-102}$$

式中，$T(x)$ 为 x 截面上的总力。$x=0$，$T(0)=0$；$x=L$，$T(L)=T_0$。

6. 方程求解

采用有限差分法求解微分控制方程式(2-101)。由于该控制方程在 $x=0$ 处存在奇异，本节适当选取了与 $x=0$ 较为接近的一个小的正值作为计算初始值，$x(0)=0.001$。由于楔形体 A 和 B 中的微元 $\mathrm{d}x$ 在厚度方向有错层，因此求解时也不能求解至 $x=L$ 处，但我们将微元取得尽量小，对结果的精确性无影响。在求解出 $T(x)$ 之后，再根据式(2-98)就可以求出胶层剪应力 $\tau(x)$。

2.5.3　改进的半解析法算例验证

1. MAM、FEM(2D 平面应变有限元模型)与 Harman 对比验证

选 Harman 的模型：斜接角 5°；层合板 3 mm，21 层，铺层顺序为[45/-45/90/0/0/0/45/0/0/-45/90]s。复合材料单向带力学属性：$E_1=162$ GPa，$E_2=16.2$ GPa，$E_3=16.2$ GPa，$\nu=0.3$，$G=$

7.2 GPa；胶层厚度为 0.2 mm，胶的弹性常数 $E = 1\ 150$ MPa，$\nu = 0.3$，$G = 442.3$ MPa。

一般地，习惯用胶层剪应力与平均剪应力比值 τ/τ_{av} 来研究 FEM 和 MAM 具体数值的变化。斜接结构平均剪应力用下式表示。

$$\tau_{av} = \frac{1}{2}\sigma_{applied}\sin 2\alpha \tag{2-103}$$

胶层剪应力云图（见图 2-26）由 FEM 计算得到。由图可知，胶层的应力出现了集中现象，而且应力集中于 0°层对接处的胶层里面。

图 2-27(a)给出每一层对接处应力的提取路径。图 2-27(b)给出各铺层对接处胶层中心点所处的位置。图 2-28 给出剪应力分布，由图可知 MAM 解决了 Harman 的不足，即 $x/L = 0.5$ 两侧剪应力分布不对称，不能完全地反映出两个 0°层（第 8、9 层）应力峰值现象。

MAM 与 FEM 计算的各层对应的胶层剪应力的误差见表 2-1。由表 2-1 可知：其中第 4～9 铺层对接处的胶层剪应力值较大，MAM 计算误差小；其他剪应力水平较低处，MAM 计算误差大。

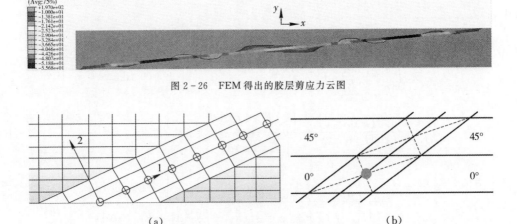

图 2-26 FEM 得出的胶层剪应力云图

图 2-27 复合材料斜接结构中胶层应力取值点及表 2-1 中的对比点

(a)胶层剪应力提取路径；(b)每层对应胶层中心点

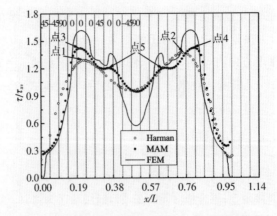

图 2-28 复合材料斜接结构中 21 层的胶层剪应力

表 2 - 1　复合材料斜接结构中各铺层中心点处胶层剪应力比值 τ/τ_{av}

铺层角度/(°)	顺序	τ/τ_{av}			Harman 误差/(%)	MAM 误差/(%)
		FEM	Harman	MAM		
45	1	0.21	0.28	0.29	33.3	38
−45	2	0.35	0.63	0.39	77.8	11.4
90	3	0.66	0.98	0.71	48.5	7.6
0	4	1.36	1.22	1.35	−10.3	−1
0	5	1.60	1.30	1.44	−18.8	−10
0	6	1.45	1.27	1.33	−12.4	−12
45	7	1.27	1.18	1.21	−7	−4.7
0	8	1.29	1.09	1.21	−15.5	−6.2
0	9	1.18	1.01	1.15	−14.4	−2.5
−45	10	0.75	0.96	1.00	28	−33.3
90	11	0.58	0.96	0.93	65.5	60.3

2. 不同铺层对 MAM 精度的影响

为研究相同铺层数时铺层角度对 MAM 精度的影响,这里对总层数为 8 层的三种不同铺层角度情形进行了对比验证研究。图 2 - 29、图 2 - 30 分别为 MAM 与 FEM 计算的铺层[45/0]₂S、[90/0]₂S、[45/0/−45/90]₂S 剪应力曲线。表 2 - 2 和表 2 - 3 是各铺层对接处胶层中心点的剪应力比及误差对比。从图 2 - 29 和图 2 - 30 计算结果可以看出以下几点。

(1)0°层剪应力最大。胶层最大剪应力出现在 0°层连续铺设最多处,连续铺层相同时,胶层最大剪应力位于靠内侧的铺层对接处。

(2)[45/0]₂S 与[90/0]₂S 铺层顺序所求解出的胶层剪应力分布基本一致,但[90/0]₂S 的胶层最大剪应力有所增大。

(3)铺层数越多,MAM 与 FEM 计算的 0°层对接处胶层最大剪应力的误差越小。

(4)由于胶层应力集中在 0°层对接处,90°铺层对接处的胶层应力水平相对较低,因此 90°铺层对接处的胶层应力不是我们关注的重点。

表 2 - 2　[45/0]₂S 与[90/0]₂S 各铺层对接处胶层中心的 τ/τ_{av} 及其误差

顺序	[45/0]₂S	τ/τ_{av}		误差/(%)	顺序	[90/0]₂S	τ/τ_{av}		误差/(%)
		FEM	MAM				FEM	MAM	
1	45°	0.38	0.51	34.2	1	90°	0.28	0.48	71.4
2	0°	1.24	1.14	−8	2	0°	1.31	1.17	−10.7
3	45°	1.15	1.09	−5.2	3	90°	1.18	1.11	−5.9
4	0°	1.44	1.26	−18	4	0°	1.50	1.29	−14

表 2-3 $[45/0/-45/90]_{2S}$**各铺层对接处胶层中心点的** τ/τ_{av}**及其误差**

顺序	$[45/0/-45/90]_{2S}$	τ/τ_{av}		误差/(%)	顺序	$[45/0/-45/90]_{2S}$	τ/τ_{av}		误差/(%)
		FEM	MAM				FEM	MAM	
1	45°	0.48	0.73	52.1	5	45°	1.01	0.97	−3.9
2	0°	1.71	1.44	−15.8	6	0°	1.32	1.14	−13.6
3	−45°	1.14	1.09	−4.4	7	−45°	0.85	0.93	9.4
4	90°	0.86	0.91	5.8	8	90°	0.48	0.78	62.5

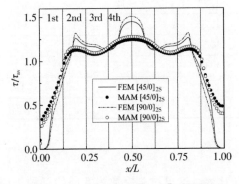

图 2-29 $[45/0]_{2S}$和$[90/0]_{2S}$铺层的

胶层剪应力比值 τ/τ_{av}

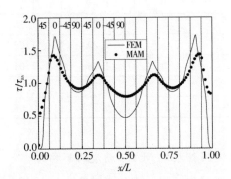

图 2-30 $[45/0/-45/90]_{2S}$铺层的

胶层剪应力比值 τ/τ_{av}

2.5.4 改进的半解析法预估 I. Herszberg 模型承载能力

选取 I. Herszberg 文献中的模型:复合材料层合板的厚度为 3.2 mm,复合材料为 Cycom 公司的 T300/970,铺层顺序为$[45/90/-45/0]_{2S}$,胶为 Cytec 公司的 FM73,胶层厚度为 0.38 mm,剪切强度为 32 MPa,斜接角度 $\alpha=5°$。

采用平均剪应力法、MAM 以及 FEM 预估复合材料斜接结构的拉伸承载能力,并与试验对比,MAM 误差与 3D-FEM 结果进行对比。方法如下:假设胶层最大剪应力与胶的剪切许用值相等,那么计算得到的力就是该方法预估的结构承载力。平均剪应力法采用式(2-103)计算,将剪切许用值代入式中可求出应力,再乘以截面积就是平均剪应力法预估的的承载能力。

由表 2-4 可知,平均法预测比 3D-FEM 法大 66.4%,2D-FEM 与 3D-FEM 相当,改进的半解析法 MAM 精度高,误差为 5.8%。

表 2-4 复合材料斜接结构承载能力预估对比

方 法	承载能力/kN	误差/(%)
平均法	117.8	66.4
MAM	74.9	5.8
2D-FEM	71.4	0.8
3D-FEM	70.8	0
试验	99.9	41.1

2.5.5　改进的半解析法的应用

1. 补片与母材刚度不匹配

在实际修补过程中,由于工艺铺设原因,各铺层的铺层角度与原结构铺层不同,会导致刚度不匹配问题。通过改变每层母材结构和补片铺层刚度比 $E_A:E_B$(0.7、0.8 和 1)实现 MAM 中的刚度不匹配,通过计算结果对比(见图 2-31)可知:

(1)复合材料补片与母材的刚度不匹配会导致胶层剪应力分布不对称;

(2)当 $E_A:E_B$ 为 1、0.8 及 0.7 时,τ_{max}/τ_{av} 分别等于 1.35、1.53 及 1.65,可知刚度匹配度越低,应力集中越明显。

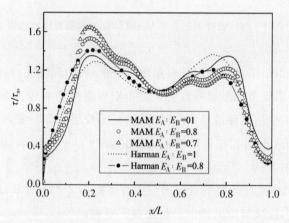

图 2-31　$E_A:E_B$ 比值变化时 MAM 和 Harman 计算的胶层剪应力

2. 复合材料补片与母材错接

由于在修补过程中,工艺无法保证补片的每一层与原母材中的铺层完全对接,因此导致复合材料补片铺层与母材铺层产生沿层合板厚度方向的错位。为实现该现象在 MAM 中的应用,这里基于算例,通过改变楔形体 B 的铺层角度来改变楔形体 A 与楔形体 B 沿厚度方向的错位情形,分别使 B 相对 A 移动 1、2、3 层,下端采用胶进行填充,如图 2-32 所示。图 2-33 为错接后的胶层剪应力分布,由图可知,错接后应力整体增大、不对称,τ_{max}/τ_{av} 由 1.35 增大到 1.39(错 1 层)、1.45(错 2 层)以及 1.54(错 3 层)。

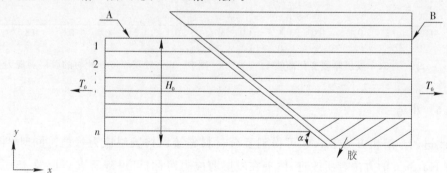

图 2-32　错接示意图

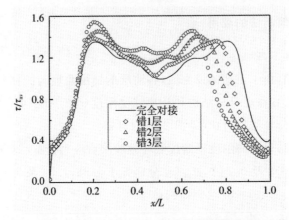

图 2-33　错接 1、2、3 层 MAM 计算的胶层剪应力比值

3. 胶层厚度变化

实际修补过程中，由于工艺无法保证胶层厚度完全均匀，因此复合材料斜接结构中的胶层厚度会沿斜接线变化，需要考虑胶层厚度变化是否对胶层应力有较大影响。胶层厚度变化分为整体厚度变化和局部变化两种情形。三种厚度为：①胶层厚度不变，$t_C=0.2$ mm；②胶层厚度线性变化，$t_1=t_C+0.1x/L$；③胶层厚度正弦变化，$t_2=t_C+0.1\sin(10\pi x/L)$。三种胶层厚度沿斜接面的变化如图 2-34 所示。

MAM 计算的胶层厚度变化时的胶层剪应力分布如图 2-35 所示，由图可知：

(1) 厚度线性变化，胶层剪应力峰值沿斜接线不对称，且 τ_{max}/τ_{av} 由 1.35 降至 1.23；

(2) 厚度正弦变化，胶层剪应力无明显变化，因此局部变化对胶层剪应力分布及峰值影响不大。

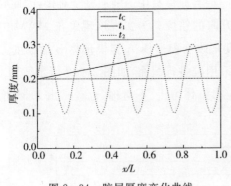

图 2-34　胶层厚度变化曲线

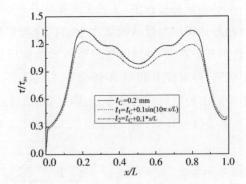

图 2-35　胶层厚度变化时的胶层剪应力分布

2.5.6　小结

(1) 改进的半解析方法 MAM 可得到复合材料斜接结构胶层应力峰值。同时，半解析法 MAM 较 Harman 的方法有所改进，体现在胶层剪应力对称，可得到所有 0° 层及 45° 层对接处胶层的应力峰值，与 FEM 误差也有所减小。MAM 估计复合材料斜接修补结构的承载力较为保守且更接近试验值。

（2）所有铺层中，0°层对接处胶层剪应力最大；当 0°层出现连续铺设时，剪应力峰值出现在 0°层连续铺设最多的位置；若连续铺设的 0°层比例一致，则最大剪应力出现在靠近外侧的与 0°层对接的胶层上；MAM 与 FEM 的误差随着铺层数的增加而减小。

（3）改进的半解析法 MAM 简单、省时，可以用于计算刚度不匹配、错接及胶层厚度变化的问题，而且误差可控。

2.6　复合材料胶接修理参数分析与优化

如前文所述，复合材料修理的斜接结构产生 0°层对接处的胶层应力集中，若减小斜接角度，可大大降低应力峰值。对于薄板，在 2°～10°之间的斜接角通常不会使挖补空腔直径过大，但如果修补对象升级为中等厚度或厚板时（如 3.5 mm 以上），通过减小斜接角会使挖补空腔直径变得很大，也就意味着要去除更多的完好（未损伤）材料。即使在胶层的厚度上做改进，其收益也十分有限。因此，我们试图打破传统的"补片母材一致"概念，提出当斜接角和胶层厚度等不变时，优化补片的铺层以达到最大限度降低胶层应力集中的目的。

2.6.1　补片铺层顺序改变的优势

为了研究复合材料板斜胶接结构补片铺层角度对胶层应力峰值的影响，选用受拉伸载荷的复合材料斜接结构作为研究对象，如图 2-36 所示。

模型：斜接角为 5°，胶层厚度为 0.15 mm，四种铺层分别为 $[45/0/-45/90]_s$，$[45/-45/0/90]_s$，$[45/-45/90/0]_s$ 和单向带 $[0]_8$，层合板厚度为 1.2 mm，拉伸应力为 200 MPa。材料属性见表 2-5。

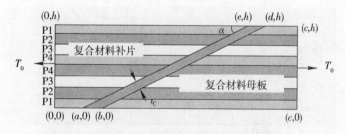

图 2-36　复合材料层合板斜胶接示意图

表 2-5　复合材料单向带和胶层的材料属性

材料属性	E_{11}/GPa	E_{22}/GPa	E_{33}/GPa	G_{12}/GPa	G_{23}/GPa	G_{13}/GPa	ν_{12}	ν_{23}	ν_{13}
单向带	120	8	8	3.3	3.3	3.3	0.32	0.32	0.32
环氧胶	1.02			0.392			0.3		

在二维平面应变模型中，我们通过经典层合板理论方程获取偏轴模量及泊松比：

$$\frac{1}{E_x} = \frac{m^2}{E_{11}}(m^2 - n^2 \nu_{12}) + \frac{n^2}{E_{22}}(n^2 - m^2 \nu_{21}) + \frac{m^2 n^2}{G_{12}} \tag{2-104}$$

$$\frac{1}{E_y} = \frac{n^2}{E_{11}}(n^2 - m^2\nu_{12}) + \frac{m^2}{E_{22}}(m^2 - n^2\nu_{21}) + \frac{m^2 n^2}{G_{12}} \tag{2-105}$$

$$\frac{1}{G_{xy}} = \frac{4m^2 n^2}{E_{11}}(1 + \nu_{12}) + \frac{4m^2 n^2}{E_{22}}(1 + \nu_{21}) + \frac{(m^2 - n^2)^2}{G_{12}} \tag{2-106}$$

$$\frac{1}{G_{xy}} = \frac{4m^2 n^2}{E_{11}}(1 + \nu_{12}) + \frac{4m^2 n^2}{E_{22}}(1 + \nu_{21}) + \frac{(m^2 - n^2)^2}{G_{12}} \tag{2-107}$$

式中，$m = \sin\theta$，$n = \cos\theta$，θ 为铺层角度。

图 2-37 是 FEM 计算的胶层剪应力云图，由图可知，剪应力最大值出现在 0°层位置，说明 0°层所处的位置对胶层最大剪应力的位置和大小有影响。图 2-38（彩图见彩插）表示沿胶层的剪应力分布曲线，由图可知，当 0°层设置于不同铺层时，最大剪应力峰值出现在 0°层相应的位置。通过改变铺层角度，可以改变胶层最大剪应力的位置和大小。以 $[0]_8$ 为无量纲基准，其他三种准各向同性铺层的斜接结构胶层最大剪应力集中系数分别为 2.18、1.69 和 2.54，这说明铺层改变，胶层应力集中系数也随之改变。

图 2-37　铺层为 $[45/0/-45/90]_s$ 时胶层的剪应力集中现象

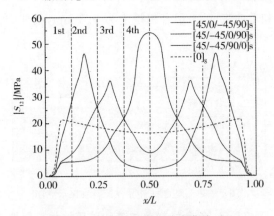

图 2-38　胶层的剪应力分布曲线对比

2.6.2　参数敏感性分析

很多研究者通过有限元或其他方法研究了补片铺层角度、斜接角度、胶层厚度等参数独立变化时对胶层应力集中的影响，但都不系统，缺乏参数与参数之间的相关性研究。这里，选取试验设计方法优化拉丁超立方方法 OPT-LHD(Optimal Latin Hypercube Design)来系统研究参数的敏感性和交互效应。试验设计，也称为实验设计，是用于经济、科学地安排试验的一项技术，这里将其应用于对有限元法模型中各参数的变化研究。

1. 斜接角度和胶层厚度

以前文算例为基础,研究其斜接角度与胶层厚度的敏感性和交互性。

斜接角度与胶层厚度的敏感性和交互性研究中,由于该抽样方法可保证在抽取样本点的同时,使样本点更均匀且能得到高阶效应,对这些参数进行了优化拉丁超立方抽样。

拉丁超立方抽样方法是根据累积概率函数,将其在 0~1 范围内等分划分区间,然后从每个区间中随机抽取样本,所抽取的随机样本点分别代表每个区间的值,最后重建概率分布。优化拉丁超立方抽样方法可使所抽取的点保持均匀分布。如图 2-40 所示,与拉丁超立方 LHD (Latin Hypercube Design)抽样方法[见图 2-39(a)]相比,优化拉丁超立方设计抽样方法 OPT-LHD[见图 2-39(b)]可以使样本点更均匀且允许得到高阶效应。

拉丁超立方体抽样在 n 维向量空间中抽取 m 个样本。抽样步骤:先将每一维分成 m 个互不重迭区间,通常考虑一个均匀分布;在每一个区间中随机抽取一个点;再将随机抽出的点组成向量。

通过使用 OPT-LHD 方法,获取到了$[45/0/-45/90]_s$铺层时斜接角和胶层厚度的主效应。主效应代表当其他参数固定在一个常量水平时,所有试验点的考察参数的均值。例如,图 2-40 中的简单试验,A 的主效应可视作 A 在低水平处和高水平处平均响应值的差,即

$$A = (40 + 52)/2 - (20 + 30)/2 = 21 \tag{2-108}$$

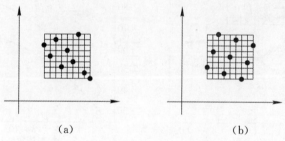

图 2-39　抽样方法示意图

(a) LHD 抽样; (b) OPT-LHD 抽样

当一个因子在不同水平下的响应存在差别时,就存在因子之间的交互效应。例如,图 2-41 中两个因子的试验设计。由于因子 A 的影响受因子 B 大小的影响,我们可知 A 与 B 存在交互效应。交互效应大小为这两个 A 的影响的差的平均,或者是

$$AB = (12 - 40)/2 - (50 - 20)/2 = -29 \tag{2-109}$$

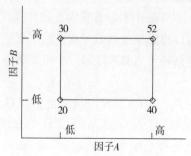

图 2-40　两个因子的主效应

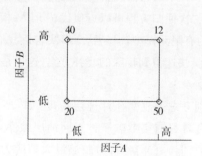

图 2-41　两个因子之间的交互效应

如果两条线平行,说明不存在交互效应。如果两条线不平行,就代表两个因子之间存在交

互效应,两条线不平行的程度代表了交互效应的大小,不平行程度越高,交互效应越明显。

图 2-42 为斜接角度与胶层厚度各自的主效应图,可以看出,胶层最大剪应力随斜接角的增大而非线性增大,随胶层厚度增大而非线性降低。这说明:

(1)我们应当选择小的斜接角度和厚的胶层来降低剪应力集中;

(2)斜接角和胶层厚度的敏感性相差不大。

由图 2-43 知,斜接角度较大时,斜接角度与胶层厚度两参数的交互效应不明显;小斜接角度时,二者有相对明显的交互效应。其中 t_C 的高值为 0.5 mm, t_C 的低值为 0.05 mm。

基于以上结果,我们采用二次回归方程来描述斜接角和胶层厚度的有限元模型。二次回归方程服从:

$$\tilde{y} = \beta_0 + \sum \beta_i x_i + \sum \beta_i x_i^2 + \sum_{i \neq j} \beta_{ij} x_i x_j \qquad (2-110)$$

且样本结果的回归方程的精度可以表达为

$$R^2 = \frac{\sum (y_k - \bar{y})^2}{\sum (\tilde{y}_k - \bar{y})^2} \qquad (2-111)$$

式中, y_k 、$\tilde{y}_k$ 和 $\bar{y}$ 分别代表第 i 个样本点的响应、第 i 个回归方程的响应和所有样本点的均值。

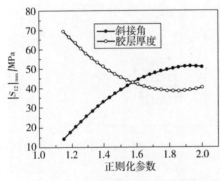

图 2-42　斜接角度和胶层厚度对
最大剪应力的影响

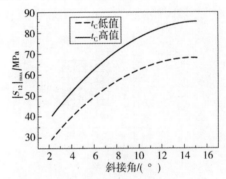

图 2-43　胶层厚度与斜接角(t_C-α)
的交互效应

在分析中, $i = 2$, x_1 和 x_2 是斜接角 α 和胶层厚度 t_C 。二次回归方程服从:

$$|S_{12}|_{max} = 33.93 + 7.396\ 1\alpha - 189.24t_C - 0.256\ 57\alpha^2 + 231.55t_C^2 - 0.318\ 04\alpha t_C$$

$$(2-112)$$

由方程式(2-111)计算出样本点的回归方程精度是 $R^2 = 0.974\ 4$,证明当参数是斜接角和胶层厚度时,二次回归方程可以近似代替 FEM 模型。尽管这个回归方程无法代替所有不同铺层顺序情况下的有限元模型,但是这个事实告诉我们,可以将简单的回归方程植入工程设计软件当中,使工程人员快速得到特殊的修补方案,这也是快速修补计划和系统的一个重要部分。

2. 补片铺层

这里特别考虑了改变补片铺层角度(如[$P_1/P_2/P_3/P_4$]$_S$)。母板材料的铺层顺序固定不变。母板复合材料铺层考虑三种不同铺层顺序,分别为[45/0/−45/90]$_S$,[45/−45/0/90]$_S$ 和[45/−45/90/0]$_S$。它们各自对胶层最大剪应力的主效应如图 2-44、图 2-45 和图 2-46 所示。从这三幅图可以看出,补片中最敏感的铺层始终跟随母板中的 0°层,与其处于同一层。因此,与补片中最敏感的铺层相邻的铺层也会受到较大程度的影响。由于三种铺层的母材中

0°层由第 2 层到第 3 层再到第 4 层,因此补片中最敏感的一层也就跟随三种情形中母材的 0°层的位置同时出现在第 2 层 P_2、第 3 层 P_3 再到第 4 层 P_4。靠近敏感性最高的铺层也就从第 1 层 P_1 变为第 4 层 P_4 再到第 3 层 P_3。

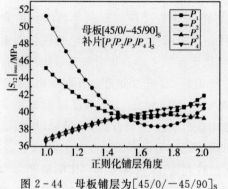

图 2-44　母板铺层为 $[45/0/-45/90]_s$
时补片各层的主效应

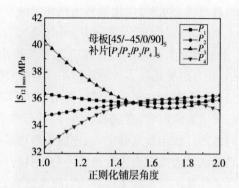

图 2-45　母板铺层为 $[45/-45/0/90]_s$
时补片各层的主效应

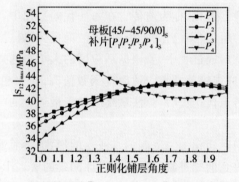

图 2-46　母板铺层为 $[45/-45/90/0]_s$ 时补片各层的主效应

由图 2-47 和图 2-48 可知,补片所有铺层中交互效应最大的两层是 P_1 和 P_2,其次为 P_1 和 P_3,其他铺层相互交互效应不大,可以忽略。这说明补片中最外层与其他层之间对胶层最大剪应力的交互效应最大。由于 $[45/-45/0/90]_s$ 和 $[45/-45/90/0]_s$ 具有相同的结论,我们只给出 $[45/0/-45/90]_s$ 作为例子说明共性问题。

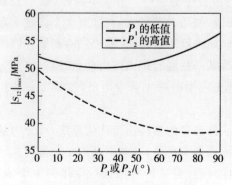

图 2-47　母板铺层为 $[45/0/-45/90]_s$
时补片 P_1 与 P_2 的交互效应

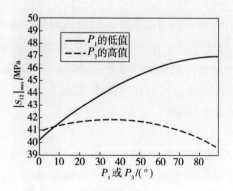

图 2-48　母板铺层为 $[45/0/-45/90]_s$
时补片 P_1 与 P_3 的交互效应

2.6.3 确定性优化

确定性优化区别于不确定性优化，它是基于所有设计变量都是某一确定的值的，在此基础上再进行优化求解，优化结果也是确定的某一值。

遗传算法（Genetic Algorithm，GA）是由仿生物界的进化规律演化而来的随机化搜索方法，由美国的 J. Holland 在 1975 年首先提出。遗传算法是随机进行迭代和进化的优化搜索方法，它将自然界优胜劣汰的法则引入科学计算中，使得优化解能一步一步向局部最优解或者全局最优解靠近。在这个迭代过程中，首先其对问题进行编码，编码可分为二进制编码、十进制编码和实数编码等，形成初始解；然后形成优化问题的适应度函数，这个适应度函数需要靠优化问题的目标函数来确定，适应度函数则是遗传算法中优胜劣汰的隐含法则；最后，按照既定的自然优胜劣汰法则进行迭代，一直到接近或达到问题最优解为止。

遗传算法与传统搜索算法有很大区别，它的搜索过程起始于"种群"，即一组随机产生的初始解。种群中的个体称为"染色体"，每个"染色体"都是问题的一个解。"染色体"作为遗传算法中的最重要概念，通常是一串数据或者数组，用来表示优化问题解的代码。这些"染色体"将会在后续迭代中朝最优解慢慢进化，称为遗传。在每一代的进化中，用适应度函数值来评价该"染色体"的好坏。所生成的后代"染色体"是由前一代"染色体"通过"交叉"或者"变异"操作而形成的。在新一代"染色体"形成过程中，要根据适应度的大小来选择保留一部分后代，并淘汰一部分后代，以此来保持种群规模是常数。适应度函数值高的"染色体"被选中进行下一代遗传操作的概率较高。经过若干代迭代后，算法最终收敛于最适合的"染色体"，这个"染色体"可能是最优解或次优解。

二进制编码是将优化问题转化为二进制的 0 或 1 的形式，然后通过优化算法进行处理，最后达到优化解时再将优化得到的二进制编码转化为原问题的解。十进制编码在 0~9 范围内。实数编码不用数字转换，可以直接进行操作，得到优化解。

综上所述，为了优化补片铺层角度，使斜接修补结构的胶层最大剪应力最小，我们使用遗传算法 GA。GA 的流程图如图 2-49 所示。

遗传算法具体流程解释如下。

（1）生成初始种群（第一代）。初始种群就是许多个解空间的点，将这些点联合起来就是一个种群，即初始种群，借助前面介绍的编码技术将初始种群编码。对于本问题，就是复合材料补片每一层铺层角度所组成的解的群体。一般来说，初始种群越大，种群所含个体越丰富多样，优化过程中就越不容易陷入局部最优解，因此，初始种群不宜选太小。另外，初始种群的形成方法可以是完全随机产生的，亦可以从知识库中得到一些经验进而产生初始种群。

（2）进行初始种群的计算，运行 FEM 求解器求出胶层的最大剪应力，这就是每一个初始解对应的响应。

（3）遗传优化操作。这个过程借助 Isight 优化软件自带的多岛遗传优化算法，可分为基因交叉、基因突变、基因竞赛和基因迁移等操作，这些操作各有优势，互相弥补不足。基因和种群对优化的贡献则采用适应度函数来衡量，这个适应度函数是遗传算法进行操作的主要依据。基因交叉是同一种群中的两个个体互相交互部分或局部基因，这个交换操作是随机的，包括单点交叉、两点交叉、多点交叉以及一致交叉等。基因突变又称变异，是将染色体基因用其他等位基因代替,如二进制的 0 换为 1,或 1 换为 0,一般包括基本变异、逆转变异和自适应变异等。竞赛或联赛方法是来源于体育比赛中的,方法是在种群中任意选取不超过总个体数的个体,组成新的子种群,在这个子种群里每一步选取最符合适应度函数的个体作为竞赛胜出者保存至下一代。基因迁移是种群与种群之间进行部分个体迁移。当然还有其他操作,如精英选择法、期望值法、排序选择法、比例选择法和排挤方法等。

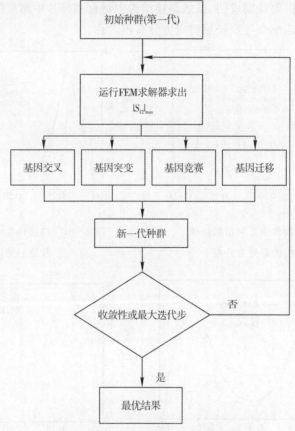

图 2 - 49　遗传优化算法 GA 的流程图

（4）当优化操作完成之后,通过适应度函数或总迭代步数判断是否终止优化过程,若达到收敛要求或达到最大迭代步,优化终止,若未达到,继续返回第（2）步。

我们的目标是使胶层的最大剪应力最小化:

$$\text{Minimize } |S_{12}|_{\max} \qquad (2-113)$$

由于补片铺层不对称会影响胶层应力分布,因此我们引入了补片铺层角度的对称约束（Symmetric Constraint,SC）。再者,为了避免复合材料补片结构刚度的牺牲,我们也考察了另一种铺层对称＋铺层刚度约束（Symmetric and Stiffness Constraint,SSC）。因此,优化模型将分别服从以下两种约束条件。

SC :① $P_1 = P_8$, $P_2 = P_7$, $P_3 = P_6$, $P_4 = P_5$;② $0° \leqslant P_1, P_2, P_3, P_4 \leqslant 90°$。

SSC:① $P_1 = P_8$, $P_2 = P_7$, $P_3 = P_6$, $P_4 = P_5$;② $0° \leqslant P_1, P_2, P_3, P_4 \leqslant 90°$;③ 斜接结构补片的刚度匹配不超过±5%。

建立 4 个不同斜接角度的模型,斜接角分别为 2°、5°、10°和 15°。图 2 - 50～图 2 - 53 给出

了4种不同斜接角时剪应力分布。每幅图有三条线,分别代表:原始铺层(pristine stacking sequence)即母材和补片铺层都为$[45/0/-45/90]_s$的结果;补片铺层对称约束时的优化结果(Optimal-SC);补片铺层对称且刚度约束的优化结果(Optimal-SSC)。胶层最大剪应力$|S_{12}|_{max}$)随斜接角度的减小而减小。同时,优化后的补片铺层会使胶层最大剪应力降低。尽管铺层角度的优化和斜接角度的降低都会降低胶层最大剪应力,但斜接角度降低会去除更多的母材完好材料。这里要特别说明,虽然斜接结构中母材和补片中铺层的角度都是对称的,但是补片和母材刚度不匹配会导致胶层剪应力分布不对称。

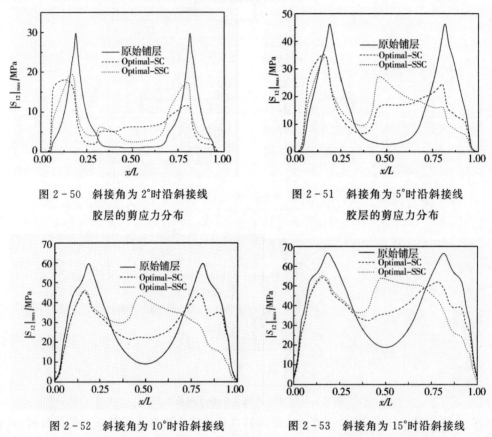

图 2-50 斜接角为 2°时沿斜接线 胶层的剪应力分布

图 2-51 斜接角为 5°时沿斜接线 胶层的剪应力分布

图 2-52 斜接角为 10°时沿斜接线 胶层的剪应力分布

图 2-53 斜接角为 15°时沿斜接线 胶层的剪应力分布

表 2-6 给出补片原始铺层和优化后铺层在不同斜接角时胶层最大剪应力$|S_{12}|_{max}$及优化后最大剪应力的减小量。由表 2-6 可知以下几点。

(1)因优化铺层带来的最大剪应力的降低量收益随斜接角的增大而降低。因此,胶层最大剪应力的降低,除了可以通过减小斜接角度实现,还可以通过优化补片的铺层角度来实现。

(2)Optimal-SSC 优化后胶层最大剪应力的减小量比 Optimal-SC 的稍微小一些。这也就证明,补片铺层对称约束条件及对称+刚度 5%约束条件可以大幅降低胶层最大剪应力。

(3)从优化后补片铺层角度分析,优化使母板 0°层对应的补片上的铺层趋近 90°,使母板 90°铺层对应补片上的铺层趋近 0°,最大限度地降低了原来母板 0°层对应胶层处的最大剪应力峰值。

表 2-6　斜接补片铺层优化结果及最大剪应力的降幅

斜接角	原始铺层	Optimal-SC			Optimal-SSC		
	$S_{12}\vert_{max}$/MPa	铺层	$S_{12}\vert_{max}$/MPa	降幅/(%)	铺层	$S_{12}\vert_{max}$/MPa	降幅/(%)
2°	29.8	$[7/87/7/1]_s$	18.1	39.3	$[17/26/9/21]_s$	19.7	33.9
5°	46.4	$[18/89/65/10]_s$	35.2	24.1	$[30/87/62/1]_s$	34.7	25.2
10°	59.7	$[79/89/86/35]_s$	45.5	23.8	$[89/75/39/1]_s$	46.4	22.3
15°	67.1	$[86/71/81/28]_s$	54.3	19.1	$[84/60/71/1]_s$	55.5	17.3

2.6.4　优化结果的稳健性分析

我们先熟悉一下传统设计思想。传统设计思想认为采用质量最好的材料、零部件、设备、工艺等加工或生产出来的产品质量最好,可靠性最高。二十世纪七八十年代,基于可靠性思想的新设计概念应运而生,这就是稳健性设计思想。稳健性设计认为,产品的质量靠产品设计参数或各种因素的搭配来决定,参数搭配不同,质量的均值、方差等也不同。稳健性设计最早的研究始于二战后的日本,田口玄一博士于 1950—1958 年期间创立了三次设计法。因此,许多学者也把稳健性设计方法称为田口方法。其实,真正将稳健性设计应用于实践当中是 20 世纪 70 年代初,田口玄一博士创立了基于稳健性的质量管理技术。稳健性(robustness)也称鲁棒性,是指自变量的细微波动对因变量产生的影响或敏感性。例如,我们日常使用的电话通信是 1σ 稳健性设计,民用航空则是 6σ 稳健性质量控制(6σ 意味着合格产品达到总数的 99.999 66%)。σ 是统计学里的标准偏差,可以用于衡量产品等的完美程度,可知一百万次的失误次数,σ 水平越高越好。通常,我们将影响自变量波动的因素称为质量噪声或噪声因子,包括外噪声、内噪声、产品间的噪声。

蒙特卡罗方法(Monte Carlo Method)由"曼哈顿计划"的成员 S. M. 乌拉姆和 J. 冯·诺伊曼首先提出。蒙特卡罗法是一种统计模拟方法,是非常重要的数值算法。该方法的基本思想是,针对随机事件进行试验,并以样本的频率来估计事件概率。蒙特卡罗法求解问题分三个步骤:构造、抽样、估计。蒙特卡洛描述抽样法(Monte Carlo Descriptive Sampling, MCDS)是一种随机统计方法,可以通过在每一个区间内布置等概率的样本点,捕捉到复杂的信息,如图 2-54 所示。图 2-54 以 x_1 和 x_2 两个随机变量为例,阐述了蒙特卡洛描述抽样方法的基本思想。如图所示,两个变量都服从各自的概率 $f(x)$,在各自的变化范围内,将两个自变量都分成区间段,由两个自变量区间围成很多区域。在这些区域里面随机抽取一个点,来代表或描述该区域,再在每一个点处计算因变量值。这样,整个自变量空间和因变量空间就被一些具有描述性的点所代替,然后可进行概率估计。

MCDS 的理论基础是大数理论(Law of Large Numbers)。大数理论的思想是,每次随机试验结果不相同,但是,当试验次数达到一定值或者足够大时,试验结果的平均值就接近一个稳定值,用这个数代替此事件的概率,即

$$\lim_{n \to \infty} P\left(\left| \frac{1}{n} \sum_{i=1}^{n} x_i - \mu \right| < \varepsilon \right) = 1 \tag{2-114}$$

$$\lim_{n \to \infty} P\left(\left| m/n - P(A) \right| < \varepsilon \right) = 1 \tag{2-115}$$

当 n 为独立试验次数时，x_i 是随机独立的样本点，μ 代表平均值，ε 代表任意小的正数，m 为 A 事件发生的次数。式(2-114)和式(2-115)分别表示样本的均值和事件频率依概率收敛于该事件发生的概率。

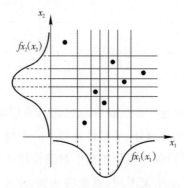

图 2-54　蒙特卡洛描述抽样法示意图

失效边界概率可由以下两式表示。可靠区间可由 $P_r = 1 - P_f$ 表示。

$$Z = g(x) = g(x_1, x_2, \cdots, x_n) \tag{2-116}$$

$$P_f = \int \cdots \int_{g(x) \leqslant 0} f_X(x_1, x_2, \cdots, x_n) \mathrm{d}x_1 \mathrm{d}x_2 \cdots \mathrm{d}x_n \tag{2-117}$$

所有随机设计变量、随机影响因子和质量约束都被设置为服从正态分布 $N(\mu, \sigma^2)$，其高斯概率分布函数(Gauss Probability Distribution Function，PDF，高斯分布即正态分布，是力学研究中最常用的一种分布形式，许多变量都服从此分布，如各种材料的性能、结构零件的尺寸误差、物质的化学成分等)和正态分布的累积分布函数(Cumulative Distribution Function，CDF，累积分布函数具有完整描述概率分布的作用，是概率密度函数的积分形式)如以下两式。

$$f(x) = \frac{1}{\sigma \sqrt{2\pi}} \exp\left[-\frac{1}{2} \left(\frac{x - \mu}{\sigma} \right)^2 \right], -\infty \leqslant x \leqslant +\infty \tag{2-118}$$

$$F(x) = \frac{1}{\sigma \sqrt{2\pi}} \int_{-\infty}^{x} \exp\left[-\frac{1}{2} \left(\frac{x - \mu}{\sigma} \right)^2 \right] \mathrm{d}x, -\infty \leqslant x \leqslant +\infty \tag{2-119}$$

西格玛(Sigma)水平、成功概率和百万产品缺陷见表 2-7。由表 2-7 可知，若因子漂移约 1.5σ，百万缺陷将增长很快，因此务必考虑稳健性设计。

表 2-8 为各不确定因子的均值及标准偏差，材料的不确定性参考美国军用手册 MIL-HDBK-17F Vol.2。该手册提供了聚合物基、金属基、陶瓷基等复合材料的特性，也涵盖了材料生产商等部门的研究报告。如表 2-8 所示，噪声因子(变量 X)都服从正态分布，可给出其均值及标准偏差，斜接角度和铺层角度则给出其度数上下浮动范围且服从正态分布规律。这些输入量将影响结构的力学性能，体现在胶层的剪应力分布及最大剪应力上。

表 2-7　西格玛水平、成功概率和百万产品缺陷

Sigma 水平 $\pm n_\sigma$	$[F(\mu+n_\sigma)-F(\mu-n_\sigma)]/(\%)$	百万次品	
		短期	长期（1.5σ）
1	68.26	317 400	697 700
2	95.46	45 400	308 733
3	99.73	2 700	66 803
4	99.993 7	63	6 200
5	99.999 943	0.57	233
6	99.999 999 8	0.002	3.4

表 2-8　稳健性分析的随机变量及质量约束

变量名 X	$P_1 \sim P_4/(°)$	E_{11}/GPa	E_{22}/GPa	G_{12}/GPa	ν_{12}	E_c/GPa	ν_c	载荷/MPa	斜接角/(°)	胶厚/mm
均值 μ	—	120	8	3.3	0.32	1.02	0.3	200	2/5/10/15	0.15
标准偏差 σ	3	6%	3%	5%	1%	6%	1%	5%	0.5	10%

　　当都取各自原始最大剪应力的 0.9 倍为上限时，2°、5°和 10°都为 6σ 水平，15°未达到 6σ，因此 15°时稳健性最低。表 2-9 为优化分析的稳健性分析的结果，2°、5°和 10°的最大剪应力上限设置为各自原始最大剪应力（母材和补片铺层一致时的$|S_{12}|_{\mathrm{max\text{-}pristine}}$）的 0.8 倍，15°上限则设置为原始最大剪应力的 0.9 倍。表 2-9 包含最大剪应力的平均值 μ、标准偏差 σ、σ 水平、成功概率。

表 2-9　稳健性分析结果

斜接角	确定性优化	上限/MPa	$\mu(\mathrm{MPa})/\sigma(\%)$	σ 水平 n_σ	成功概率/(%)
2°	Optimal-SC $[7/87/7/1]_s$	14.48	23.851/4.884	1.163	75.50
	Optimal-SSC $[17/26/9/21]_s$		22.363/2.3997	1.778	92.46
5°	Optimal-SC $[18/89/65/10]_s$	28.16	37.883/3.076	2.041	95.87
	Optimal-SSC $[30/87/62/1]_s$		38.34/2.709	2.572	98.99
10°	Optimal-SC $[79/89/86/35]_s$	36.4	53.015/2.819	1.311	81.00
	Optimal-SSC $[89/75/39/1]_s$		53.882/2.971	1.058	71.01
15°	Optimal-SC $[86/71/81/28]_s$	48.87	60.872/3.192	2.1433	96.79
	Optimal-SSC $[84/60/71/1]_s$		61.857/3.166	2.054	96.02

由表 2 - 9 可知,在所有斜接角度中,斜接角为 5°时,其优化结果具有最高的 σ 水平和可靠性。原因有如下两方面:

(1)尽管斜接角为 2°时优化结果使最大剪应力降低最多,但是当斜接角度受到干扰而波动时,最大剪应力敏感,波动大,因此稳健性差;

(2)虽然斜接角为 10°,比 2°和 5°具有更高的稳定性,但是当斜接角受到干扰波动时,10°的优化结果对最大剪应力的降低量贡献较小。

因此,斜接角度为 5°时,优化铺层的补片既降低了足够的胶层最大剪应力,同时又具有相当的稳健性。这也就证明,通过优化补片铺层角度降低胶层最大剪应力的方案,在不改变斜接角度(不增加母材的去除量)的情形下,减小了应力集中,还具有足够的稳健性,是一个可行的新方案。

2.6.5　MAM 与优化方法的综合应用

使用 MAM 方法对试验件的模型进行初步设计之后,这里则使用 Isight(优化)＋Abaqus(FEM)的思路,采用多岛遗传算法对铺层进行优化设计。具体的优化思路是:以复合材料胶接结构的胶层的最大剪应力为目标函数,使其最小;以 32 个铺层角度为设计变量;约束条件一种是所有铺层之间无关联的自由优化约束,另一种则是约束铺层角度对称分布。

基本信息:铺层 $[45/0/-45/90/0/45/0/-45/0/0/90/0/-45/0/45/0]_s$;斜接角度为 5°;胶层厚度为 0.125 mm;受拉伸载荷;复合材料弹性常数 $E_{11}=128\ 000$ MPa,$E_{22}=8\ 460$ MPa,$\nu_{12}=0.322$,$G_{12}=3\ 890$ MPa;环氧胶弹性常数 $E=2\ 270$ MPa,$\nu=0.35$。

首先,通过 FEM 得到该模型原始铺层下的胶层沿斜胶接线的剪应力分布,如图 2 - 55 所示。由图可知,剪应力与平均剪应力比值沿斜胶接线呈不均匀分布,0°层对接处的胶层有应力峰值出现,剪应力比值最大为 1.273。

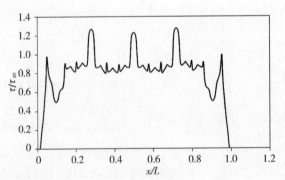

图 2 - 55　试验件模型胶层剪应力分布

然后,通过参数化建模将此模型的补片的铺层角度进行参数化,集成至优化软件中。优化分两种约束条件:FC 为补片铺层角度不约束,SC 为补片铺层角度对称约束。由于 FEM 模型是二维平面应变模型,因此每一层的角度变化范围为 0°～90°。优化结果如下:

(1)FC 铺层 $[52/10/35/72/1/25/1/9/52/26/5/2/72/6/2/12/41/0/15/3/11/2/13/17/2/20/12/14/1/37/2/35]$,FC 优化最大剪应力与平均剪应力比值 $\tau_{max}/\tau_{av}=1.117$,下降 12.3%;

(2)SC 铺层 $[6/15/28/10/4/47/6/19/6/72/22/1/11/4/9/15]_s$,SC 优化最大剪应力与平

均剪应力比值 $\tau_{max}/\tau_{av}=1.049$，下降 17.6%。

图 2-56 与图 2-57 分别为 FC 约束和 SC 约束各自优化过程中目标值的变化情况，图 2-58 为这两种约束条件优化后的胶层剪应力分布情况。由图可知：两种优化迭代步数相当，且铺层自由约束即 FC 约束较对称铺层 SC 约束的优化过程，上下波动范围大一些，这是因为其搜索域相对较大；FC 与 SC 约束下各自优化后最大剪应力分别降低了 12.3% 和 17.6%，说明优化补片铺层对降低胶层应力集中效果明显。从优化结果中的胶层剪应力分布与优化前原始铺层对应的剪应力分布对比可知，该模型的优化效果其实是将原本胶层应力较低处对应的铺层的刚度提高，使这些铺层传递的载荷增大，进而增加这些铺层相应的胶层处的应力，分担原本应力最大位置的载荷传递，使其降低，最终使得胶层应力偏向均匀。另外，优化的结果都是工程最优解，而非理论最优解，优化算法所找到的点应该都是一些局部最优解，但是工程最优解的确对应力集中降低效果显著。

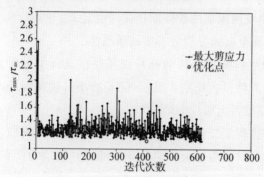

图 2-56　优化迭代中最大剪应力
的变化过程（FC）

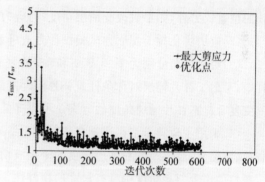

图 2-57　优化迭代中最大剪应力
的变化过程（SC）

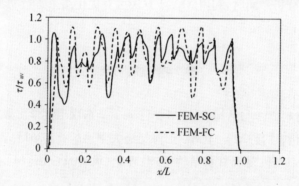

图 2-58　FC 约束和 SC 约束条件下 FEM 优化后胶层剪应力分布

为进一步验证 MAM 的有效性，使用 MAM 对优化后的两种结果进行计算，剪应力分布如图 2-59 示。由图可知，与 FEM 结果对比，MAM 结果与其相差不大，可以估计出优化后铺层顺序下的胶层剪应力分布情况。因此，MAM 方法有能力完成母材与补片铺层不同的设计。

2.6.6　小结

斜接补片铺层优化思想揭示了采用优化复合材料补片铺层角度可以大大节省母板原材料的去除量，这是较传统的改变斜接角度思想的创新之处。在所有优化后的补片中，可以选择最稳健的铺层角度作为修补方案。

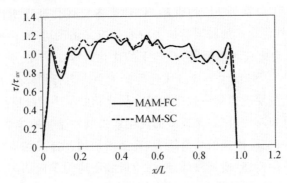

图 2-59 采用 MAM 半解析法校核优化的结果

(1)2D 平面应变模型数值结果表明,剪应力集中现象发生在沿斜接线与复合材料 0°层一致的位置。另外,如果只改变铺层角度,剪应力曲线所围成的积分面积保持恒定。

(2)应用优化拉丁超立方试验设计方法可系统全面地分析各参数的敏感性。

(3)对斜接角分别为 2°、5°、10°和 15°的复合材料斜接结构的补片铺层顺序进行了优化。其中,考虑了补片铺层对称条件及补片刚度匹配条件。优化结果显示:除了减小斜接角度外,改变复合材料补片铺层角度的方案是可以降低胶层最大剪应力的。

(4)采用了蒙特卡洛描述抽样法对优化结果进行了稳健性分析。结果显示,在材料属性、载荷、斜接角、胶层厚度和铺层角度的干扰波动下,斜接角度为 5°时优化后的补片铺层角度在所考察的 4 个斜接角度中具有最高的稳健性。

(5)在使用 MAM 半解析法快速、初步设计后,可根据本章提出的优化思路和方法对其进行优化设计和稳健性分析。同时,利用 MAM 方法可对优化结果进行初步校核。

参 考 文 献

[1] 王耀先. 复合材料力学与结构设计[M]. 上海:华东理工大学出版社,2012.

[2] 谢鸣九. 复合材料连接[M]. 上海:上海交通大学出版社,2011.

[3] 李顶河,徐建新. 飞机复合材料结构修理:理论、设计及应用[M]. 北京:科学出版社,2019.

[4] 贝克,罗斯. 飞机金属结构复合材料修理技术[M]. 琼斯,董登科,丁惠梁,译. 北京:航空工业出版社,2017.

[5] 刘斌. 复合材料胶接修补参数优化及修后性能研究[D]. 西安:西北工业大学;2016.

[6] HERSZBERG I, FEIH S, GUNNION A J, et al. Impact damage tolerance of tension loaded bonded scarf repairs to CFRP laminates [C]//16th International Conference on Composite Materials, Kyoto:ICCM,2007.

第 3 章　复合材料胶接修理工艺

虽然复合材料胶接连接具有零件数目少、结构轻、连接效率高和抗疲劳等突出优点，但是由于胶接质量难以检测和保证，所以此前的应用大多限制在次要结构。人们总是希望把机械连接的构件数量降低到最少，以便提高复合材料结构连接的效率。因此，复合材料结构连接是向着无紧固件的方向发展。随着树脂转移模塑（RTM）、树脂膜熔浸（RFI）、三维编织和三维机织等整体化新技术的出现，使被连接构件的数量大大减少。起连接作用的零件和被连接零件也在向单体化方向发展。比如Ⅱ连接现在采用三维（3-D）纺织预成形件制造，将Ⅱ型件和被连接零件组合在一起，构成一个单体式连接结构。

为适应 21 世纪军用战斗机的需要，美国 1997 年启动了"复合材料经济可承受性"项目研究计划。该计划是由美国空军和海军资助的，其目标是研制低成本的大型整体结构和胶接结构。研发团队由空军和海军的研究所以及贝尔、波音、马丁和格鲁门等公司共同组成。该计划历时 10 年，取得了丰硕的成果。三维机织（3-D）π 预成形件已经成功应用于 F-35 框架与进气道蒙皮的连接，并在该机前机身、机翼及垂尾上也进行了验证。这一举措使紧固件和零件的数量大大减少，装配时间和成本显著降低。单体式 π 连接和 T 连接等技术在飞机、宇宙飞船和舰艇船舶结构中的应用日益增加。相信随着复合材料制造工艺和无损检测技术的发展，胶接连接的应用前景会更加光明，应用范围会更加宽广。

复合材料的胶接一般按照图 3-1 所示的工艺过程进行。胶接过程中的胶接剂的固化过程采用热压罐法和真空袋法来实现，这些方法能提供一定的温度和压力条件，保证胶黏剂的固化过程正常进行。

复合材料构件的发展方向之一是力求实现结构的整体性。根据结构设计和工艺等的需求，必须安排离型制造，再进行装配，因此复合材料的连接是必不可少的，甚至成为产品设计的关键。由于实际应用的需要，复合材料件与金属件的连接在航空航天工程中十分常见。采用胶接的连接方式有以下优点：

（1）胶接是最适用于夹芯结构件的连接方式；

（2）胶接可以减轻产品质量的 20% ～ 30%；

（3）胶接界面应力分布均匀；

（4）胶接能防止金属发生电化学腐蚀；

（5）胶接可以保持复合材料纤维的连续性，提高其抗疲劳强度。

树脂基复合材料是多相材料，由增强纤维和树脂基体构成。复合材料的树脂基体与胶黏剂的主体树脂的相容性直接影响胶接界面的结构和性能，因此在选择胶黏剂时应针对复合材料的树脂基体性能选择相似的胶黏剂。目前国内已经开发了一些性能优异的复合材料胶黏剂，如 J-47A 胶膜、SY-24C 胶膜、CJ-555 胶黏剂和 J-39 胶黏剂等。

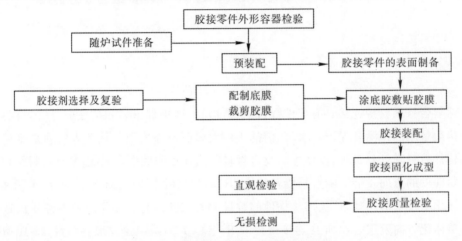

图 3-1　复合材料胶接工艺过程流程图

影响复合材料胶接性能的主要因素有：①胶黏剂的性能；②合理的接头形式和搭接长度；③复合材料胶接表面的状况；④复合材料增强纤维的铺设方式；⑤胶层的厚度和胶接工艺。针对树脂基复合材料胶接工艺设计进行的研究表明：如果采用共固化方式，应选用与复合材料的固化工艺参数相近的胶黏剂；如果采用后固化方式，选胶时应考虑胶接强度和使用环境等因素。胶的固化温度应小于复合材料的成型温度，在满足力学性能条件的前提下，应尽量使用低温固化的胶黏剂。

复合材料的胶接具有各向异性，复合材料的性能由纤维铺层方向决定，在不同方向上的强度差别很大。因此，在设计胶接接头时要考虑胶接接头的承载方向与纤维铺层方向的一致性。另外，复合材料是一种层合结构，层间强度较低，要尽量避免胶接接头受撕剥力，以免出现层间剥离破坏。

复合材料的胶接接头类型主要有四类：面接（面与面连接）、角接（面的边缘部分与端边连接）、T 型接（面的中间部分与端边连接）和对接（端边与端边连接）。选用哪种接头可遵循如下胶接接头设计原则：所用材料的热膨胀系数应尽量接近，与复合材料胶接的金属零件尽量采用热膨胀系数小的材料；避免碳纤维复合材料直接与铝合金胶接，防止电化腐蚀；基体树脂的玻璃化温度与复合材料使用温度之间应有一定裕度；胶接接头结构应避免受剥离力或不均匀拉力，应使胶接接头在最大载荷方向承受剪切力，对不可避免的剥离接头，必要时可用小铆钉作局部防剥加强等。

为了获得良好的表面活性，增加胶黏剂与被胶接物表面的亲合力，必须对被胶接材料进行表面处理。对于铝合金零件一般用磷酸阳极氧化处理或硫酸阳极化处理；钛合金采用喷砂或强酸酸洗处理;碳纤维环氧复合材料、凯芙拉/环氧复合材料等一般先采用砂纸打磨后再用有机溶剂清洗的方法处理。复合材料表面处理的典型工艺如下。

(1)除油污:用纱布蘸汽油清洗复合材料表面。

(2)干打磨:用砂纸沿纤维方向打磨,不得露出纤维。

(3)湿打磨:用水砂纸在小水流下打磨,不得露出纤维。

(4)清洗:用纱布蘸丙酮清洗复合材料表面。

(5)干燥:消除制件表面吸附的水分。

涂胶量也会影响复合材料的胶接质量。用胶量不足会引起局部缺胶,但胶不是涂得越多越好,大量的试验表明,随着胶层的逐渐增厚,胶接接头的剪切强度先增加,然后逐渐下降。这是因为,随着胶层的加厚,胶层内部缺陷呈指数关系迅速增加,这就必然引起胶层内聚力强度很快下降。此外,胶层越厚,由温度变化而引起接头的内应力越大,胶黏剂在固化时产生的收缩应力也越大,这些内应力将造成接头强度的损失。在实际运用时要力求获得一种平衡,胶层一般控制在 $0.03\sim0.15$ mm 之间。在使用高强度的胶黏剂时,被胶接材料的性质对接头剪切强度起着决定性作用,复合材料的模量越高,则胶接强度越高。以弹性模量为例,碳纤维在 $150\sim350$ GPa 之间,玻璃纤维在 $50\sim80$ GPa 之间,因此碳纤维复合材料的胶接强度要比玻璃纤维复合材料的胶接强度高。被胶接材料的厚度与胶接强度也有关系,被胶接物的厚度越大,则应力集中系数越小,胶接接头的剪切强度就越高。不同材质材料连接时,接头部位的力学性质会变得十分复杂。对受简单拉力的平板在各种连接方式(如搭接、嵌接和捆接)下的力学性质的研究表明,接头的连接强度主要受板与胶黏剂之间的界面应力以及胶黏剂的抗剪强度的限制。对于受简单拉力的两种材料板(复合材料板和金属板)舌榫黏结结合时,舌榫形状和胶黏剂性能对接头应力分布和接头强度的影响尤为重要。

3.1　胶接修理与表面处理

飞机复合材料构件的胶接修理,除应遵循民用复合材料修理原则(如合理选择胶黏剂,所用修理材料与被修件材料相匹配,补片厚度与形状设计合理,胶接面处理适当和修理后应恢复结构的保护层等)外,一般还应遵守以下两个原则:①修理区域的投影面积应小于被修零件有效面积的 15%;②修复后零件增加的质量不应超过修理前零件质量的 2%。在飞机的胶接修理中,要满足上述 2 个特殊要求,并保证修复后的使用性能,关键在于设计合理的修理结构和确定补片的搭接尺寸。实践证明:在裂纹长度一定的条件下,适当增加补片宽度可提高构件的静强度和疲劳寿命;而补片宽度并不是越大越好,它存在一个最优值,超过这个值,反而会降低构件的静强度和疲劳寿命。按照接头胶接理论分析,胶层传递剪切载荷并使之产生变形的现象,并非发生在胶接接头的全部区域内,而只是发生在接头端头很短的部分,而且很快从指数幂衰减到零。复合材料板胶接修补后,修补区域的局部刚度增大,使周围未修补的板内的应力载荷向修补区域靠拢,增加了修补区域内的载荷传递量。补片的长度越大,修补区域的局部刚度越大,对结构修补效果产生的不利影响也就越大。因此,在胶接修理中,补片的搭接长度要慎重确定,主要考虑被修件的受力大小、胶黏剂的性能和有无附加补层等因素。对于飞机构件的受力情况,可间接按其厚度进行估算。

采用胶接贴补或挖补修理,虽然可以满足各种气动外形的要求,也无需像机械连接修理那样对修理结构再次钻孔,造成二次损伤等,但无论从力学性能还是工艺要求等方面,胶接修理都要比铆接、螺栓连接等机械连接修理更加复杂。在设计胶接修理时,应根据胶接强度中拉伸强度和剪切强度比较高、不均匀扯离强度较小、剥离强度小的特点,注意减少胶接区域所受到的剥离力,使之尽可能受纯剪切力或拉伸应力的作用。在胶接贴补或挖补修理的复合材料结构中,胶接区域是整个结构上的不连续部分,它通过胶黏剂把应力从一部分传递到另一部分。当胶接结构承载时,胶接区域的应力分布是极其复杂的。更由于胶接区域内部缺陷(气泡、裂纹等)的存在,造成局部应力集中。当局部应力超过局部强度时,缺陷就能扩展,进而导致胶接失效。

黏着是两种接触材料或相位间相互吸引力或能量的一种。为了使胶接更加紧密,在某些阶段,胶黏剂这一相必须为液态,并保证粘接体湿润。可以通过加热或加压使胶黏剂液化。当粘接完成后,我们期望胶黏体能在接头的整个寿命周期承受载荷。飞机的机头雷达罩、垂尾前缘与翼尖、前舱仪表保护罩、前起落架撑杆整流罩、中央翼舱盖以及平尾传动整流罩等零部件,是用玻璃纤维增强复合材料和碳纤维织物增强的复合材料等制作的。在使用过程中,由于疲劳开裂、热老化、磨损、外来物撞击和战争等,飞机复合材料构件在使用中会出现各种不同的损伤,因此就提出了飞机复合材料损伤修复的许多问题。

表面处理是修理过程中最重要的工序之一,也是胶接修理成功的关键之一。主要影响因素是清洁度、粗糙度和表面化学结构。

(1)清洁度。要获得较高胶接强度,必要的条件是胶黏剂完全浸润胶接表面。一般来说,有机胶黏剂大部分都是具有低表面自由能的高分子化合物,根据热力学原理,它们是比较容易浸润金属及其复合材料表面的;但复合材料结构在使用过程中,往往会吸附有机或无机污染物,这些污染物的存在会明显降低胶接强度。

(2)粗糙度。无论采用砂纸打磨还是吹砂处理,适当将表面粗化能够提高胶接强度,但粗糙度又不能超过一定界限,否则会降低胶接强度。因为过于粗糙的表面不能被胶黏剂很好地浸润,凹处所残留的空气等对胶接也是不利的。胶接材料表面粗化之所以能提高胶接强度,首先是因为机械粗化过程会使表面得到净化,其次它还可能改变了表面的物理化学状态,形成了新鲜的表面层,最后粗糙度的不同还会影响胶接界面上的应力分布,从而获得较高的胶接强度。

(3)表面化学结构。表面结构对胶接性能的影响是通过改变表面层的内聚强度、厚度、孔隙率、活性和表面自由能等实现的。其中表面化学结构既可引起表面物理化学性质的改变,也可引起表面层内聚强度的变化,因而对黏附性能产生明显的影响。例如聚四氟乙烯是一种表面能很低的惰性高分子材料,一般胶黏剂无法对其进行牢固的胶接,但用钠萘-四氢呋喃溶液处理后,表面层的四氟乙烯发生键断裂,部分氟原子被扯下来,并在表面上形成很薄的黑棕色碳层。这样改变了聚四氟乙烯表面的化学结构,增加了表面自由能,因此提高了胶接强度。适宜的胶接表面应当具有稳定、粗糙、致密的氧化层。如果在处理液中加入少量的硫化钠等还原性物质,钛合金的胶接强度和耐久性均会明显提高。

本节主要介绍胶接前的表面处理及胶接方法,以保证实现耐久而无空隙的胶接修理。对胶接修理技术而言,胶接的耐久性问题尤为关键。

3.1.1　表面准备的要求

胶接体的准备通常包括一系列步骤,且每个步骤都有其重要性。表面准备不仅影响着初始胶接强度,还影响着胶接结构的长期环境耐久性。高胶接强度和高韧性的胶接结构并不意味着可以长期、持久使用。水,甚至潮湿空气,都是胶接结构在使用环境中老化、性能降低的主要因素。应力和高温能加速胶接结构的这种老化,燃料、溶剂和其他有机液体也能使胶接结构性能下降。胶接耐久性对胶接表面处理极其敏感。在胶接贴补修理或挖补修理中采用的表面处理工艺,除可改善胶接强度和耐久性外,还应满足以下条件:

(1)适宜于现场使用;

(2)不使用有毒化学物质;

(3)可在室温下使用;

(4)对腐蚀、应力腐蚀开裂和氢脆等不具有加速作用;

(5)适用于不同的胶接体系。

3.1.2　脱脂

脱脂可清除全部有机污染物。被修理件通常带有油脂和油类等有机污染物,其中某些年代久远、吸附牢固,并具有阻抗溶剂的作用。在胶接工作前,先进行脱脂,以降低胶接体表面这些有机污染物的浓度。

有机溶剂能有效地除去表面的油污。对于清洗脱脂所用的有机溶剂,要求具有如下性能:溶解污物的能力强;不燃、无毒;化学性能稳定,对处理表面呈惰性;沸点较低,易挥发;具有低表面张力等。

能同时满足上述要求的有机溶剂事实上并不存在。因此,必须按照具体情况,选择较为合适的有机溶剂。在修理环境下,通常用溶剂浸湿的绵纸或布清理,溶剂采用丁酮和丙酮。原理是用溶剂将污染构件上的有机物溶解,擦拭过程中需保证足够的溶剂溶解污染物,要单方向地擦向区域边缘。挥发性溶剂会蒸发,并可能在胶接体表面均匀分布一层有机污染物薄膜。此外,溶剂可能溶解聚合体以及绵纸或布中残留的油脂,在溶剂蒸发时沉积在胶接体表面。

采用溶剂脱脂容易出现部分污染物借助溶剂全面扩散的现象。在这种场合,应经常更换溶剂并反复清洗,一般应采用少量多次的方法去除油脂。在溶剂脱脂处理时应十分小心,防止使用的工具在脱脂过程中对表面产生污染。另外,采用溶剂脱脂时,一定要有必要的晾干时间,否则溶剂残留在胶接件表面上会使胶接强度下降。对于面积大的胶接件表面,可采用从上至下或从左到右一个方向擦拭,反复进行,直到无油污为止。采用胶接修理的制件,有的在长期使用中表面吸附和沉积了大量的油污,对于这样的待修件,如允许,可以用几个红外灯局部加热到 200 ℃左右,使待修件表面及周围的油脂渗出,然后用干净棉布揩擦,再用溶剂除油。一般的溶剂清洗脱脂方法很难将杂质从复杂结构部件的细缝、低洼等死角处清除出来。在这种场合,可采用超声波配合清洗。采用超声波脱脂时,在干净的溶剂中放入换能器,在换能器附近放入需处理的制件,当超声波的频率为 20～50 Hz 时,已有足够高的能量对液体进行翻动,产生很大的机械冲刷力将杂质从制件上撕掉或冲击出来,因此可加快清污的速度。

3.1.3 打磨、喷砂或浸蚀

通过打磨、喷砂或浸蚀来除去疏松附着的氧化物,获得一个无污染的活性表面,并形成粗糙的表面形貌。通过打磨胶接在底布或衬垫上的硬颗粒,从物理上除掉金属,形成一个带沟槽的表面,并在表面上遗留下残余的碎片。用干净的绵纸清除打磨后铝合金胶接体上的碎片,必须小心谨慎。

机械打磨法是用砂轮、砂纸进行打磨加工,以得到一个具有一定粗糙度的新鲜活性胶接表面。对于复合材料结构,由于基体比较软,常用水砂纸打磨。机械打磨法简便易行、成本低,但在实际操作中难以得到相同的重复结果,均匀性也较差,因此通常只在要求不高的场合使用。

喷砂是使用由清洁、干燥高速空气或氮气流所携带的细小研磨颗粒碰击胶接体表面的过程。在金属表面的冲击变形过程中,原先存在的碎片嵌入固定到表面内。喷砂处理改善了表面亲水浸润性,并使胶接耐久性超过打磨的表面。喷砂法既快又好,胶接强度均匀、稳定,操作也很简便;但机械吹砂法对表面光洁度有影响,且在操作时粉尘较大。喷砂法又分为干法和湿法两种。干法是单纯用磨料进行吹砂,干法吹砂后残留在表面上的细粉磨料应用干净的压缩空气或氮气吹净。湿法是将磨料、液体和空气混合在一起使用。它的重要优点是能控制和减少粉尘飞扬。湿法吹砂后应用喷雾淋洗的方法除去吹砂表面上的残留物。

化学浸蚀是通过复杂的过程从表面上溶解金属,包括分解与重新形成氧化膜。由于有污染物,把铝合金浸入铬酸浸蚀液可生成相对无裂纹的氧化物。浸蚀过程的化学作用可在金属的表面形成一种多微孔的结构。化学处理法是将胶接修理件在室温或更高温度下浸入碱液、酸液或某些无机盐溶液中,除去表面污染物,以获得有稳定活性的胶接表面。化学处理法具有高效、经济、质量稳定等优点。它除了使表面粗糙化和清洁外,对金属材料还可以生成一种耐化学反应的表面层,提高胶接的耐久性。化学处理法可以获得最高的经济强度,其不足之处是大部分处理液具有一定的腐蚀作用和毒害作用,不适宜在现场修理中使用。

3.1.4 高能表面氧化层的形成

几乎所有的金属与合金表面都会迅速形成表面氧化物,进行打磨和化学处理从而减少污染,清除预先存在的疏松氧化物,形成密实的表面氧化物,可以在金属上形成一种羟基化的氧化表面,这种羟基化的氧化表面将与胶黏剂内另一半羟基化部分相结合。

3.1.5　铝胶接体的表面准备

在航空航天领域,铝合金结构件在服役过程中容易产生腐蚀裂纹等损伤。一些国家对于铝合金损伤构件的胶接修理技术给予高度重视,其研究成果广泛应用于飞机构件的修理,如机翼上蒙皮、下蒙皮、机翼壁板、腹鳍蒙皮、起落架轮毂和舱门框等。铝合金构件胶接修理前必须对其表面进行处理,以去掉表面层物质,避免在弱氧化层上胶接。实践证明,阳极化处理方法是一种较好的方法,特别是磷酸阳极化处理工艺,具有环境友好、毒性小、成本低、工艺参数易控制等优点,可以明显改善铝合金构件待胶接表面的表面状态,有效地提高铝合金胶接构件的耐久性。选用 2A12CZ 铝合金,厚度为 2~3 mm;胶黏剂为双组分聚氨酯改性的环氧胶黏剂;修复用复合材料补片为单向碳纤维环氧复合材料。将加工、清理过的铝合金板试片在一定浓度的碱液中浸泡 15 min,取出后用自来水冲洗 5 min,然后在稀磷酸溶液中浸泡 10 min,取出后再用自来水冲洗 5 min,进行阳极化处理。阳极化完毕后,立即用自来水冲洗 5 min,再用去离子水冲洗 5 min,然后在 60~70℃下烘干水分。按要求配制双组分的环氧胶黏剂,静置后均匀涂覆在铝合金试片的表面,搭接加压并固化。采用热压成型工艺对含疲劳裂纹的铝合金板进行修补。修复用补片尺寸为 80 mm×60 mm×1.32 mm,修补时补片的纤维方向平行于载荷方向,即补片的纤维方向垂直裂纹。在复合材料补片和裂纹板的胶接表面均匀涂覆聚氨酯改性的环氧胶黏剂,静置片刻后将补片胶接到板的裂纹部位,放入压力成型机中加热、加压固化。试验结果表明:当被胶接物均为阳极化铝合金时,其拉剪强度提高了 238%;当被胶接物是阳极化铝合金和复合材料补片时,其拉剪强度提高了 104%。铝合金胶接表面阳极化能使其胶接性能大幅度提高的原因是:铝合金表面的阳极化处理形成了多孔膜,修理时胶黏剂能够渗入膜孔中,在表面形成一层过渡层,从而形成较好的机械连接。铝合金试片经处理在胶接界面之间出现了一定厚度的过渡层。阳极化处理能够在铝合金表面生成极性的 γ-Al_2O_3 等氧化物,该氧化物层能有效地提高其界面上与极性胶黏剂之间的色散力和范德华力,同时可能与胶黏剂中的极性基团之间形成共价键结合。所有这些因素均有利于提高被胶接材料之间的胶接强度。

飞机内铝胶接接头绝大多数破坏都是由潮湿引起的。通常铝的表面准备就是清除弱的边界层(氧化物和有机污染)并形成稳定的边界层,这个层能够与基底金属黏附良好,并且与胶黏剂或底胶在物理化学上相容。

由于飞机上的环境限制,要求进行简单的表面准备,只进行溶剂脱脂和人工打磨将导致耐久性较差;对工厂的酸浸蚀和酸阳极化改善,能使其在飞机上使用时,获得足够的胶接性能。

(1)飞机上的磷酸阳极化(Phosphoric Acid Anodized, PAA)。在飞机上使用 PAA 已经得到许可。预处理的步骤包括清除有机涂层、溶剂除脂、手工打磨、干擦拭去磨料与碎片。已经开发了两种阳极化的方法,即磷酸无槽阳极化方法和磷酸包容系统。

(2)糊状酸浸蚀过程。使用煅制二氧化硅、硫酸钡或其他适当的材料将酸液增稠,从而进行的铬-硫酸浸蚀也在飞机上的修理中得到应用。大气温度下浸蚀增加了进行的时间。典型的预处理步骤包括溶剂脱脂,用打磨或喷砂进行人工去氧化层,再使用糊状浸蚀或冲洗,一般选用 Pasa-Jell 105 无机增稠混合物。

(3)硅烷表面准备。在喷砂后施用 γ-甘油丙基三甲氧基硅烷偶联剂可以得到非常好的耐久性。

铝及其合金在国民经济中应用广泛,要求粘接的制品与零部件众多,对铝及其合金的粘接技术研究极为重要。粘接后的铝及其合金不仅应具有良好的综合强度性能,而且应具备良好的耐大气老化、耐环境、耐水、耐湿热、耐介质和耐疲劳等特性。

3.1.6　钛及钛合金表面处理

钛合金是航空航天领域的重要结构材料,钛合金胶接结构多用于耐高温部件,因此胶黏剂也多是耐高温胶黏剂。航空工业中广泛使用的是 Ti-6A1-4V 合金,用于发动机的吊舱支架、接头、连接梁和紧固件等。如 F-22 后机身发动机机舱框架、B747 主起落架支撑梁等钛合金部件,采用胶接连接。当钛合金胶接时,表面处理的质量将直接影响胶接的质量和胶接寿命。目前钛合金的表面处理方法已经发展了几十种,典型的分类为机械法、化学法、机械化学法、电化学法和物理法。

钛及钛合金的表面处理技术是对不锈钢和铝合金表面处理技术改进而形成的一套成功技术。在该技术中除了具有专利的酸腐蚀剂和强碱腐蚀技术外,还包括化学处理中硝酸-氢氟酸酸洗液制备以及磷酸盐-氟化物反应性涂层技术等。

由于飞机上修理的环境限制,只有较少可选的钛处理过程。在飞机上修理的关键难题是,无法使用高温过程,难以包容和漂洗高度酸性或碱性的浸蚀剂,以及难以控制危险材料。

(1)喷砂。喷砂常常作为一种优异的钛预胶接处理,它相对容易,实施安全,虽然能得到适当的接头耐久性,但在潮湿或其他浸蚀环境下的长寿命要求需要采用其他代替方法。

(2)Pasa-Jell 107 浸蚀。糊状的 Pasa-Jell 107 可用于飞机上钛的处理,用氧化铝颗粒进行喷砂预处理可获取最好的耐久性。在浸蚀后应清洗飞机构件。

3.2　偶联剂与底胶

3.2.1　偶联剂

偶联剂是一种同时具有亲水性官能团和疏水性官能团的物质。亲水性官能团一般为极性基团,可以在无机物表面发生化学反应;疏水性官能团多为非极性基团,可以与有机物发生化学反应。偶联剂这种"桥接"作用,可以改善无机物和有机物之间的界面结合力,从而改善材料的物理、光学、电学性能。根据组分和化学结构可将偶联剂分为铬络合物有机偶联剂、钛酸偶联剂、硅烷偶联剂和铝酸化合物。

偶联剂使用的目的是在金属氧化物上增强羟基(—OH)末端与胶接剂键合的效力。硅烷偶联剂作为增黏剂本身含有两种基团:一种基团可以和被粘的骨架结构材料结合,另一种基团可以与高分子材料或胶黏剂结合,从而在粘接界面形成强度较高的化学键,大大改善了粘接强度。

硅烷偶联剂的使用方法:将硅烷偶联剂直接加入胶黏剂组分中,一般加入量为基体树脂量的 1％～5％。涂胶后依靠分子的扩散作用,偶联剂分子迁移到粘接界面处产生偶联作用。对于需要固化的胶黏剂,涂胶后需放置一段时间再进行固化,以使偶联剂完成迁移过程,获得较好的效果。

硅烷偶联剂配成溶液,有利于硅烷偶联剂在材料表面的分散,溶剂是水和醇配制成的溶液,溶液组成一般为硅烷(20％)、醇(72％)、水(8％)。醇一般为乙醇(对乙氧基硅烷)、甲醇(对甲氧基硅烷)及异丙醇(对不易溶于乙醇、甲醇的硅烷)。因硅烷水解速度与 pH 值有关,中性最慢,偏酸、偏碱都较快,因此一般需调节溶液的 pH 值,除氨基硅烷外,其他硅烷可加入少量醋酸,调节 pH 值至 4～5,氨基硅烷因具碱性,不必调节。硅烷水解后不能久存,最好现配现用,在 1 h 内用完。

良好的偶联剂具有能与胶黏剂进行交叉耦合(交键)的特性及水解稳定性(水可使氧化膜成为水合物)。这两者都是必要的,但是与胶黏剂交键连接并增加的载荷最为重要。Nitrilo-tris 亚甲基膦酸(NTMP)是一种著名的水合抑制剂,并据维纳布斯(Venables)报道,它能够改进胶接的耐久性。然而,其他的研究也指出,NTMP 分子不能通过初步的化学交互作用,有碍于强内聚性薄膜的形成,从而成为效力不高的耐久性改进剂。

马萨(Mazza)等人通过改变处理过程的参数,进行了一个详细的研究,即"澳大利亚的硅烷表面处理技术研究"。通过这项工作,确定了最优的有机硅烷浓度、硅烷水解时间、作用时间、干燥时间和干燥温度。这些数据为澳大利亚皇家空军工程标准 C5033 的制定提供了依据。虽然马萨最初的报告指出,有机硅烷偶联剂的最优干燥温度是 93℃(90 min),而其他的文献则指出,为使空穴最少可能需要更高的温度。马萨后来的工作也建议使用较高的干燥温度。

存在于金属表面的污染对有机硅烷偶联剂与金属氧化物上羟基团的连接能力有重大影响。有机硅烷偶联剂对耐久性的增强作用,对于使用偶联剂前的表面处理状态有着很强的依赖性。对破坏表面的分析表明,随着耐久性的改善,破裂从氧化膜朝着偶联剂与金属氧化物之间的界面转移。有机硅烷与金属氧化物之间的耦合力影响着水向胶黏剂与金属胶接体之间界面扩散的能力,以及金属氧化物的水解稳定性。实践中的基本要求是保证表面处理能产生亲水的表面,并在使用有机硅烷偶联剂前避免出现污染。涂有机硅烷用的刷子和棉纸可能把有机污染物转移到所准备的金属表面上,使胶接耐久性恶化。

在胶接表面涂偶联剂和底胶,可以改善表面的黏附性。偶联剂能使胶黏剂和胶接材料之间形成化学键,从而使胶接强度及耐久性提高,但偶联剂不宜用得太多,否则会使整个胶层的耐热性下降。常用的偶联剂主要是各类硅氧烷,除此之外还有铬的络合物、磷酸酯、有机酸类及有机胺类等。表 3-1 为偶联剂对胶接强度的影响。

表 3-1　偶联剂对胶接强度的影响

胶接剂类型	偶联剂类型	与未使用偶联剂相比强度提高百分比/(%)
聚氨酯	KH-550	280~750
环氧树脂	KH-570	160
酚醛-丁腈	KH-580	210~330

3.2.2　胶接底胶

大多数胶黏剂供应商均推荐一种金属胶接用的底胶。底胶用于保护粘接体的表面不受污染，也防止在表面准备到胶接期间出现化学变化。底胶是低黏度的液体，可以迅速穿透表面准备时形成的粗糙表面与微孔，并较好地浸润粘接体的表面。底胶还帮助保护胶接后的粘接体，使其不受湿气侵蚀，改善其耐久性。因此，胶接底胶常常含有防腐蚀剂。通用的胶接底胶是含有铬酸盐抑制剂的环氧-酚醛树脂基。虽然六价铬离子为金属氧化表面提供了最好的保护，但这些材料对环境是有毒的，且是致癌的，因此寻找替代的抑制剂的需求是迫切的。

类似工厂和场站修理，在飞机上进行修理时也希望用防腐蚀的黏结底胶来增强胶的耐久性。然而，从使用和环境危害的观点看，在飞机上更加难以控制底胶。常常用抹涂或刷涂底胶的方法取代在工厂和场站胶接修理时的喷涂方法。值得注意的是，不恰当地使用底胶，尤其是底胶太厚，可能使初始胶接强度不足。涡流测厚仪可以测量底胶的厚度，也可以在底胶中添加色素以帮助目视厚度控制，特别是在喷涂的情况下。然而，这种光学的方法把厚度局限为几分之一微米，同时色素的选择会影响视觉的灵敏度。厚度的控制非常依赖于操作者的技能。底胶的涂覆标准要依据技术员恰当控制厚度的能力和修理环境下的固化特性而定。取消底胶通常使楔子试验的性能有些许降低，但澳大利亚皇家空军 RAAF(Royal Australian Air Force) 的维修经验显示，只使用喷砂/硅烷处理就可以得到良好性能。

3.3　干燥及固化

为了使胶黏剂在固化过程中挥发性材料挥发的量最少，在进行任何涉及溶剂或水的处理之后，彻底使表面干燥是绝对必要的。通过测量喷砂铝合金表面的水分变化情况发现，不太干燥的表面会产生足够的蒸汽，把大多数胶黏剂压出粘接面。粘接体上的某些水分被物理吸附，而某些则被含水的表面氧化膜所束缚。高温下进行胶接固化时，甚至会以蒸汽形式释放出被化学束缚的水分。试验证明，当使用真空袋加压时，为了使某些环氧胶黏剂内形成的空穴最少，至少要在 110 ℃下干燥 1 h。在低湿度下实施粘接过程以免再吸入湿气也很重要。

3.4　表面处理的质量控制

用于辅助胶接生产过程的质量控制和胶接接头无损评估的工具极其有限,同时也不那么可靠。生产坚固而耐久的胶接件,关键要依赖合格人员的技能和对质量控制程序的诚实恪守。RAAF 实施的一项标准检查行动显示,在修理环境下获得可接受的耐久性,最为重要的是要坚持合理的质量程序,巩固标准,对人员资质定期检查和保证经验传承。

3.4.1　水膜残迹测试

航空工业常规做法是用清洁的水"聚滴"或"断开"的趋势作为表面准备过程中粘接体上存在疏水性污染的迹象。在实践中,这种水膜残迹试验依赖于技术人员的技能和经验,因此不那么可靠。一方面,表面粗糙度对结果有显著影响;另一方面,某些污染物具有亲水特性,因而不会出现水膜断开的迹象,亲水污染通常由飞机维护中使用的置换水引起。

3.4.2　表面功函数法

金属表面的电子功函数对其化学状态非常敏感。很多基于功函数的方法可用于评定被污染的表面。然而,这些功函数法在区分氧化物生长、污染浓度和表面粗糙度时有些困难。

福克(Fokker)的表面污染鉴定器依据的是凯文(Kelvin)振荡电容器表面势差法。其局限是测量面积的物理尺度、对极间间距的敏感度以及金质基准电极的可能污染。

光学激励电子发射法以能量小于 6.7 eV 的光电子发射为基础,用汞蒸气源的紫外线辐射来激励。光电流在空气中用一个距采样表面 1~6 mm 的电偏压板测量。具有功函数 4.08 eV 的铝金属将发射光电子,而功函数大于 6.7 eV 的铝氧化物则不会发射光电子。在基地修理环境下进行质量控制的主要障碍是,缺少一个适当的简单基准标定,以及质量对污染物浓度、氧化物生长及表面粗糙度的复杂响应。

3.4.3　傅里叶变换红外线分光镜

傅里叶变换红外线光谱学的进展,使其已经能够成为一种技术来评价粗糙金属表面的污染。然而,红外光谱学的复杂性需要有熟练的分析者来解释数据,而这可能需要一定的时日来发展专家系统,使得半熟练的技术员也能够熟练利用红外光谱学在外场进行质量控制。商业仪器制造商已经开发了用于非接触表面评估的红外分光镜系统。然而,红外线分光镜的典型深度辨别为数百纳米范围,要把灵敏度降到单层覆盖级别,需要特殊的切线入射技术。

3.4.4　光学反射率

喷砂表面的质量是用视觉来检查的,因而对于用细颗粒进行准备的铝表面,光学反射特性就是喷砂烈度的一个良好指标。

商用反射比色计已经应用于定量评定铝合金的反射率,并且在用 $50~\mu m$ 细氧化铝颗粒时,反射率对碰撞密度呈指数依变关系。简单的手持仪器可用来适当监控铝合金的喷砂烈度,现在已经成为 RAAF 用作训练和合格检查的工具。

反射偏振光的偏振响应被用于磷酸阳极化表面的质量控制。这个方法显示出多孔阳极化膜在厚度和完备性方面的缺陷。

3.4.5　过程控制试片

在缺乏定量质量控制工具的情况下,通常的实际做法是准备与生产或修理任务相并行的过程控制试片,也叫作旅行试件或证据试件。虽然这提供了质量保证的一种形式,但并不能保证其表面处理或胶接情况和真实的构件相同。过程控制中,技术人员需要对试片格外小心,或者不在胶接构件的同时准备过程控制试片。RAAF 工程标准强调,要通过对过程、程序和人员的合格鉴定策略进行质量控制。

3.4.6　从业者的教育、技能和标准

胶接构件制造和修理的质量控制依赖于对过程、程序和人员的合格鉴定策略。对于程序而言,重要的是要包括一个质量保证跟踪,以保证任务的实施严格遵照合格鉴定的标准。应当指出,目前用于管理胶接构件结构完整性的规章制度,还不能轻易鉴别出随时间推移而出现胶接退化的胶接构件,在这方面还有很多工作要做。由于缺乏可靠的无损评估工具,很多工程师不愿承担与胶接接头有关的工程风险,特别是主受力结构。

3.5　胶　黏　剂

能将同种或两种以上同质或异质的制件(或材料)连接在一起,固化后具有足够强度的有机或无机的、天然或合成的一类物质,统称为胶黏剂,或粘接剂、黏合剂,习惯上简称为"胶"。

合成胶黏剂由主剂和助剂组成。主剂是胶黏剂的主要成分,主导胶黏剂粘接性能,同时也是区别胶黏剂类别的重要标志。主剂一般由一种或两种,甚至三种高聚物构成,要求具有良好的黏附性和润湿性等。为了满足特定的物理化学特性,加入的各种辅助组分称为助剂。

3.5.1　选用正确的胶黏剂

在确定胶接方案后,需选择一种合适的胶黏剂来黏结。黏结过程要受到被粘物和黏结剂种类、受力状态、工艺方法、环境等因素的影响。由于每种胶黏剂的性能都各有长短,选择时需扬长避短,充分发挥优势性能,降低其缺点带来的危害。应从方方面面给予考虑,确保胶接结构具有足够的强度,满足使用条件的要求。选用时,必须遵循下列原则:

(1)了解所选用胶的全面性能。选胶时主要看其性能,性能不同,用途不同。了解胶的全面性能,在比对后,选择最合适的胶黏剂。

胶接件的性质和状态各有不同，必须根据黏结物的具体性质和状态选择合适的胶。被胶接物质的材料性能不同对胶黏剂有不同的要求，只有全面了解被胶接物质的性能，才能较好地确定胶黏剂的种类，从而实现良好的胶接效果。在各类金属及其合金材料中，钢铁、铜表面非常容易氧化，不锈钢、铝、镍、铬、镉等表面容易钝化，而锡、铅等金属质地柔软，因此它们的胶接特性都是不同的。高分子材料的种类不同，其胶接性质也是不一样的。对于一些非极性高分子材料，由于表面能较低，只有采用电晕或电火花对材料表面处理后才能够实现胶接，如聚乙烯、聚丙烯、聚四氟乙烯等材料。

(2)明确胶接件的用途和目的。胶接的功用包括连接、紧固、密封、定位、绝缘、防腐、阻燃、修补、贴片等。大多数情况是以其中一两种用途为主而兼顾其他，任何一种胶黏剂的使用都会同时达到几个目的，应以其中之一为主去选择胶黏剂。用途不同，选择胶黏剂的出发点不同，对胶黏剂的性能侧重的方向也不同。对于受力部件，要选择结构胶黏剂；机械零部件的紧固防松，应选择厌氧胶；密封堵漏，要使用黏度比较大、结膜致密的液态密封胶。对于大面积的胶接和大批量生产，选用的胶黏剂固化速度不能太快，要有比较长的适用期，因此不能选用502胶或室温下快速固化的环氧胶。总之，要根据具体情况，切合实际地选用胶黏剂。

(3)考虑胶接件的使用环境。使用环境也是选胶的重要条件。胶黏剂是在一定的环境下使用的，且使用条件对胶黏剂的寿命至关重要。使用条件包括温度、湿度、介质、水分及某些特殊条件。

1)温度：不同胶黏剂具有不同的耐热性，一般要求在 $-40\sim150$ ℃下使用。如果是在150 ℃以上或是 -40 ℃以下使用，则应该选择耐高温胶黏剂或耐低温胶黏剂品种。如果在高低温交变场合下使用，就要选择既耐高温又耐低温的胶黏剂品种，如环氧-尼龙胶、环氧-酚醛胶、酚醛-丁腈胶和聚酰亚胺胶等。胶黏剂的性能与使用温度密切相关。通常情况下，其黏结强度随温度升高而下降，而温度过低时，胶接剂一般会变脆。

2)湿度：湿气和水分可以通过渗透、扩散，积结于胶接界面，使胶接界面破坏或自行脱开，造成胶接强度和耐久性降低。对于含有酯键、羟基、氰基、氨基等极性基团的胶黏剂，这方面的作用更为突出。因此，选用高温固化、交联密度高的胶黏剂，可以减少或防止湿气和水分的侵蚀。湿气和水分对胶接界面的稳定是很不利的。被粘物接触空气和水分，水分子能通过胶层渗透到胶接界面，使其破坏，造成黏结强度和耐久性降低。

3)介质：酸、碱、盐、溶剂、各种油等介质也会对胶黏剂有一定的侵蚀作用。不同类型的胶黏剂、不同的固化条件，耐介质能力也不同。

4)户外天气：户外条件较复杂，风吹雨淋、日晒冰冻等的综合作用，会加速胶层老化，使其使用寿命缩短。胶接件在户外使用时，受到光、氧、臭氧、紫外线等外界因素的作用，对胶黏剂产生一定的破坏，导致老化和黏结性能降低。

(4)考虑施工工艺的方便与可能。选择胶黏剂不能只注重强度高、性能好，还得考虑施工工艺的可能性。每种胶黏剂都有其各自的施工条件，要结合被胶接物的尺寸大小、结构形状、使用场合等因素确定胶黏剂品种，同时考虑其施工的可操作性。例如：复合材料或胶接结构修补,采用针头等灌注胶要求其有良好的流动性,黏度非常小;对于耐热性差和热敏性被胶接物(如电子元件、橡胶制品)等,不宜选用高温固化胶黏剂;对于大型、异型、薄壁结构材料的胶接,不要选用加压固化的胶黏剂;连续生产的流水线上,应选用快速固化胶黏剂;对于大面积的胶接,不宜选用室温下快速固化的胶黏剂进行黏结。

(5)考虑成本和环境问题。选用胶黏剂时要充分兼顾经济成本,并对来源容易性、安全、低毒等方面给予综合考虑。不同胶黏剂的特性见表 3-2。

表 3-2　不同胶黏剂的特性

| 胶黏剂 | 固化条件 | | | | | T-剥离强度/ (kN·m⁻¹) | 抗冲击 | 抗蠕变 | 耐介质 | 耐防潮 | 耐老化 | 主要特点 |
	温度/℃	压力/MPa	使用温度/℃	剪切强度/MPa								
环氧-脂肪胺	室温～100	接触	−40～80	15～20		<1	差	好	中	中	中	室温固化,脆性较大
环氧-芳香胺	120～160	接触	−40～150	15～25		<1	差	好	好	中	好	耐中温,脆性较大
环氧-酸酐	150～200	接触	−50～200	21～35		<1	差	好	好	中	中	电性能好,脆性较大,高温固化
环氧-聚酰胺	室温～100	接触	−150～80	20～30		1～2	好	好	中	差	中	室温固化,韧性较好,耐低温,耐湿热差
环氧-聚硫	室温～100	接触	−73～80	21～31.5		2～3	好	中	中	好	好	剪切、剥离强度较高,耐油
环氧-尼龙	130～180	接触	−253～120	28～45		9～27	好	好	中	差	差	剪切、剥离强度高,韧性好,耐湿热、耐老化性差
环氧-丁腈	80～170	0.03～0.5	−70～150	28～40		3～6	好	好	好	好	好	强度高,韧性好,耐油、耐老化
环氧-酚醛	140～150	0～0.3	−253～260	22		<0.9	差	好	好	好	好	耐高温,高低温循环性能好,耐老化,脆性大
环氧-缩醛	室温～150	0.3～1.5	−60～110	17～31		3～6	中	中	中	好	好	强度高,韧性较好,耐老化,耐热性差
环氧-聚砜	170～180	接触	−60～180	50～65		2～3	好	好	好	中	中	强度高,韧性好,耐高温,耐湿热,耐老化性差
环氧-有机硅	室温～200	0.05～0.5	−80～300	15～25		1～2	中	好	好	好	好	耐高温,耐湿热,耐老化性能好
酚醛-丁腈	150～180	0.03～0.05	−73～200	20～35		5～10	好	好	好	好	好	强度高,韧性好,耐油、耐老化,需高温固化
酚醛-缩醛	140～170	0.3～0.5	−60～120	20～33		4～8	好	中	中	好	好	强度高,耐大气、耐老化性好,耐热性差
酚醛-氧丁	150～170	0.3～1.5	−57～90	17.5～24.5		2～5	好	好	好	好	中	强度较高,耐溶剂,耐冲击
聚氨酯	室温～100	1.4～2.1	−253～80	18～35		2～8	好	好	中	差	中	强度较高,韧性好,耐疲劳,耐超低温,耐水差

续表

胶黏剂	固化条件				T-剥离强度/$(kN \cdot m^{-1})$	抗冲击	抗蠕变	耐介质	耐防潮	耐老化	主要特点
	温度/℃	压力/MPa	使用温度/℃	剪切强度/MPa							
α-氰基丙烯酸脂	室温	接触	−51~100	15.5~24	<0.5	差	中	差	差	差	强度较高,固化快,脆性大,耐水差
第二代丙烯酸酯	室温	接触	−51~150	23~25	9	好	好	中	好	好	固化快,强度高,适应性强,分离使用,气味较大
聚酰亚胺	200~300	0.1~0.4	−60~300	18~35	<2	差	好	好	好	好	耐高温,耐老化,耐介质,需高温固化

3.5.2　胶黏剂的使用

胶黏剂的保存期有限,因此大多要在密封容器内进行冷藏,必须有控制地在大气条件下把使用的胶膜重新包装在聚乙烯袋内,以使湿气最少。胶接过程的质量依赖于胶接的流动和固化情况,对加温斜率和最终温度进行控制是必要的。为避免出现局部温度过高区和温度不足区,需要分区加热和进行闭环控制。

在热带空军基地进行修理时,在胶接中周期性地形成含水量较高的空穴。研究表明,当胶黏剂和粘接体二者都暴露在湿热的条件下,在高温固化过程中,粘接面内的水含量足以产生足够多的蒸汽流,将大多数胶黏剂挤出粘接面,造成力学性能退化,并影响到适航性。

胶接中存在的挥发性气体有三个可能来源:

(1)制造商提供的胶黏剂可能含有溶剂,其浓度由正压力固化确定。这些挥发性材料的浓度会因批次不同而不同。

(2)如果暴露在湿热的热带条件下,胶黏剂可能会很快吸水。平衡的水蒸气浓度对大气相对湿度有很强的依赖性。

(3)经过打磨和喷砂的铝合金粘接体上粗糙、交叠的表面吸附着湿气。这些湿气的吸附既是物理吸附又是化学吸附。

以上三种来源的组合则可能会导致一定程度上的空穴,从而影响到力学性能。最有效的方法是在温度控制、除湿的大气环境下进行粘接,并用热压罐、压机或加压囊对粘接面施加正压力。

参 考 文 献

[1]　盛仪. 拉伸载荷下复合材料 T 型接头的力学行为研究[D].南京:南京航空航天大学,2012.

[2]　刘兆麟,程灿灿. 复合材料液体模塑成型工艺研究现状[J]. 山东纺织科技,2011;52

(2):50 - 53.

[3] 刘斌,徐绯,司源,等.飞机用复合材料斜胶接修补结构的冲击损伤[J].复合材料学报,2018;35(10):2698 - 2705.

[4] 张家祥.基于非均匀应变重构的 CFRP 胶接接头内聚损伤监测研究[D].武汉:武汉理工大学,2017.

[5] 李跃武,王必宁,李立州,等.复合材料板与金属板榫槽粘接结合有限元分析[J].机械强度,2004(5):572 - 575.

[6] 范喜龙,于红,周宇飞,等.结构粘接技术在轻量化前瞻车上的应用[J].汽车工艺与材料,2018 (12):6 - 10,14.

[7] 韦生文.树脂基复合材料粘接工艺设计[J].化学与黏合,2005 (6):60 - 62.

[8] 严共鸣.复合粘接维修技术在飞机上的应用[J].航空科学技术,1999 (2):3 - 5.

[9] 施兴华,任恒嘉,许文强,等.CFRP 修复含裂纹加筋板极限强度仿真研究[J].中国舰船研究,2019,14(4):47 - 54.

[10] 肖卫东.粘接实践 200 例[M].北京:化学工业出版社,2007.

[11] 杨孚标,肖加余,曾竟成,等.铝合金磷酸阳极化和胶接性能分析[J].中国表面工程,2005 (4):37 - 40,48.

[12] 彭坚,陈翠,杨永忠,等.磷酸阳极化工艺在航空铝合金胶接领域应用进展[J].装备环境工程,2020,17(2):49 - 55.

[13] 王晓洁.GGW 钛粘接瓷的研制及钛表面处理对钛/瓷结合强度的影响[D].西安:第四军医大学,2005.

[14] 贝克,罗斯.飞机金属结构复合材料修理技术[M].琼斯,董登科,丁惠梁,译,北京:航空工业出版社,2017.

[15] 刘华武,姜艳飞,贾涛芳.玄武岩玻璃粉体与短切纤维对复合材料力学性能影响的对比分析[J].天津工业大学学报,2014,33(5):1 - 3.

[16] 王菲,王雀,邓亚楠,等.不同种类偶联剂对 PVC 木塑复合材料抗冲击性能的影响[J].塑料助剂,2018 (2):28 - 31.

[17] 李宗胜.高分子材料老化机理及防治方法探讨[J].科技创新与应用,2019 (16):121 - 122.

[18] 尹福炎,王成林.应变胶黏剂对应变计和传感器性能的影响[J].衡器,2004 (2):13 - 22.

[19] 徐海翔.聚氨酯胶黏剂综述[J].橡塑资源利用,2018 (3):25 - 33.

第4章 复合材料修理案例

本章旨在通过对真实维修案例的介绍与分析,让读者对复合材料力学理论以及结构维修设计有更深入的了解。本章分为五部分,给出了军用、民用飞机结构复合材料修理的典型案例,包括方案设计分析与工艺流程。

4.1 F-111 机翼下蒙皮修理

本案例给出的是对 F-111 飞机机翼下蒙皮所做的一项关键复合材料胶接修理的相关设计和验证。案例背景:在一次例行目视检查中,发现 F-111 的机翼下蒙皮有裂纹(见图 4-1),目视检查后发现有燃油渗出,具体位置处于下蒙皮梁缘条中断燃油流动通路,该部位两侧通过增加加强筋进行强度补偿。

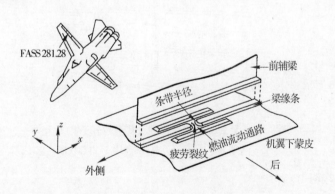

图 4-1 F-11 飞机及机翼下蒙皮金属结构的穿透裂纹($L=48$ mm)

4.1.1 断裂力学计算

蒙皮断裂韧性值为 46 MPa·$m^{\frac{1}{2}}$,剩余强度下降为 168.12 MPa,远低于机翼此区域规定的设计极限应力 357.59 MPa。各方向的应力计算如下。

$$\sigma_x = \frac{K_1}{\sqrt{2\pi r}} \cos \frac{\theta}{2} \left(1 - \sin \frac{\theta}{2} \sin \frac{3\theta}{2}\right) + 含 r 的高次项$$

$$\sigma_y = \frac{K_I}{\sqrt{2\pi r}}\cos\frac{\theta}{2}\left(1+\sin\frac{\theta}{2}\sin\frac{3\theta}{2}\right)+含\,r\,的高次项$$

$$\tau_{xy} = \frac{K_I}{\sqrt{2\pi 4}}\sin\frac{\theta}{2}\cos\frac{\theta}{2}\cos\frac{3\theta}{2}+含\,r\,的高次项$$

4.1.2 最初考虑

最初考虑采用机械连接的金属加强件修理,但该方案的缺点是空气动力不佳、修理区域内部结构不可检测,因此只能选择报废机翼后更换机翼的方式。

4.1.3 新方案

报废机翼代价高昂,因此基于当时的先进复合材料胶接技术,提出采用复合材料进行贴补胶接修复。具体的工艺是使用 FM73 结构胶将 14 层的硼/环氧补片胶接到机翼损伤部位,如图 4-2 所示。

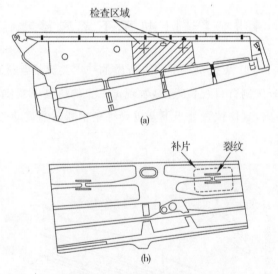

图 4-2 复合材料胶接修理金属裂纹结构的新方案
(a)左机翼下表面;(b)图(a)中阴影区内部视图

修补基本工艺如下:

(1)在 120℃下,用一层 FM73 胶与预浸料共固化;

(2)将固化的补片与第二层胶进行二次胶接,对这层胶进行喷砂处理;

(3)在 80 ℃和 100 kPa 正压力下,二次胶接固化 8 h;

(4)补片长为 470 mm,弦向为 320 mm;

(5)铺层[0/0/45/-45/0/0/0],0°方向为展向。

4.1.4 新方案的全面验证

本复合材料胶接修理金属裂纹(见图 4-3)的新方案在当时是一次创新,必须经过严格的验证方可使用。

(1)任何修理选择都需要极其严格的详细审查。

(2)裂纹将剩余强度降低到低于规定的设计限制应力(238 MPa),危及飞行安全。

(3)裂纹所在位置的机翼蒙皮局部几何特性造成严重的蒙皮应力集中和二次弯曲。

(4)凸起部分为整体加筋与梁的连接区。

(5)裂纹位于 FASS281.28 站位,厚度为 4 mm,整体加筋条厚为 8 mm。

(6)高度降低是为了相邻段翼和燃油箱之间流动排放。

(7)以上的几何特征,导致了严重的应力集中和二次弯曲。

(8)裂纹出现在弦向,垂直于名义主应力的方向。

(9)二次弯曲导致裂纹由内表面向外表面扩展。

(10)由于喷丸处理在外表面出现残余压应力,使得不协调加剧。

(11)假设裂纹穿透,此前预估剩余强度为 168.12 MPa(保守估计)。

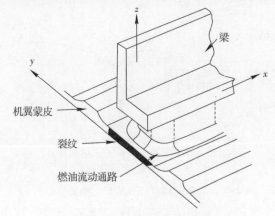

图 4-3　裂纹的细节放大图

4.1.5　新方案的设计与验证

1.设计载荷

(1)主要载荷条件:马赫数为 1.4、机翼后掠角为 50°、总质量为 26 762 kg、高度为 7 925 m、动压为 0.049 MPa、$n_z=6.5g$、温度为 75 ℃时的均衡对称机动飞行。

(2)设计极限应力为 357.84 MPa。

(3)同时兼顾低温(-40 ℃)设计限制载荷的一次验证。

2.疲劳载荷

(1)依据 F-111 飞机所装多通道记录仪的详细逐级载荷谱确定。

(2)用应力方程将弯矩转化为名义应力,之后用三维有限元验证。在 FASS281 站位,应力超越数曲线如图 4-4 所示。

3.验证策略

(1)设计验证+试验验证。应力分析不仅用于验证分析设计公式,而且指导试件设计,并为不同级别试验之间的裂纹(或损伤)扩展速率与破坏模式相关研究提供基础,从而在真实修理中具有高度信心。有限元模型计算结果与试验结果对比如图 4-5 所示。

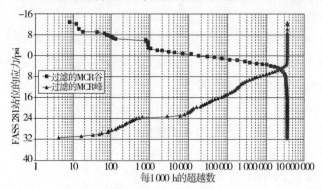

注:1 psi=6.895 MPa。

图 4-4 在 FASS281 站位的应力超越数曲线[由 199MCR 飞机(1983—1988)导出]

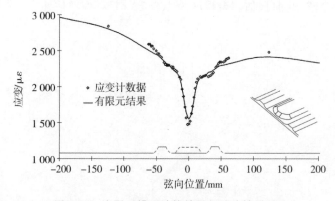

图 4-5 有限元模型计算结果与试验结果对比

(2)设计验证(有限元分析)。简化的机翼蒙皮、支持梁、胶层、补片的三维 FEM 模型如图 4-6 所示。

1)建立无损模型,试验标定,为建立修补模型提供依据和经验。

2)建立修补模型,网格细化很重要,注意局部几何细节。

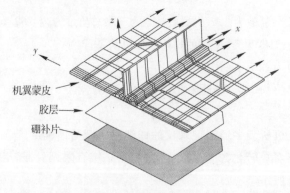

图 4-6 有限元修补模型局部网格

包含热效应的含裂纹补片修理模型在—40℃和75℃时的热失配应力分析如见图 4-7 所示,其中,α_1、α_2、α_3 为热膨胀系数。应力强度因子分析如图 4-8 所示。

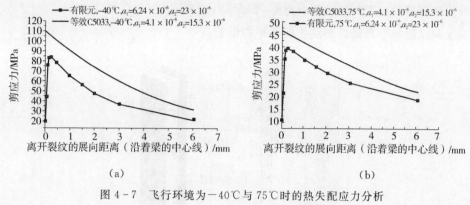

图 4 - 7　飞行环境为 -40℃ 与 75℃ 时的热失配应力分析

(a) -40℃；(b) 75℃

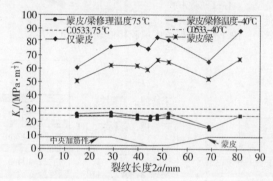

图 4 - 8　不同服役温度的应力强度因子分析

(3) 典型试件试验验证。典型试验件试验验证时也需要有限元计算分析对不同级别试验提供理论基础并解释结果。试验计划如图 4 - 10 所示。

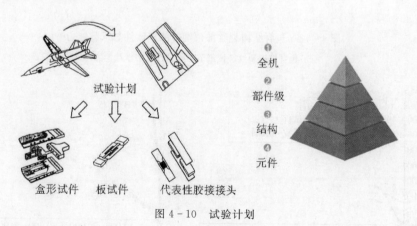

图 4 - 10　试验计划

胶接接头试验件用于如实模拟靠近裂纹处出现的胶层剪应力与剥离应力组合情况，如图 4 - 11 所示。

包含结构裂纹部位细节的板试件用于定量确定：

1) 室温（Room Temperature，RT）、极端低温（-40℃）、极高温（110℃）的承载能力，如图 4 - 12 所示；

2）补片修理后的应变与裂纹扩展速率，如图 4-13 所示；

3）温度和试验频率对修后裂纹扩展速率的影响。

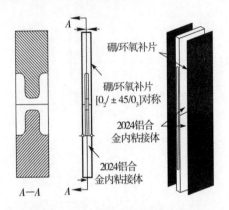

图 4-11 裂纹区域胶接修理接头试验件

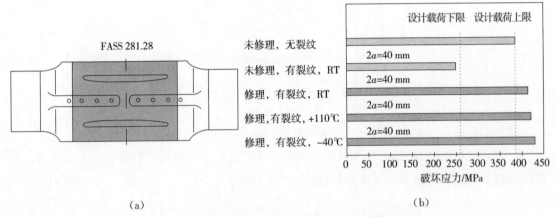

（a）   （b）

图 4-12 包含结构裂纹部位细节的板试件与承载能力

（a）包含结构裂纹部位细节的板试件；（b）承载能力

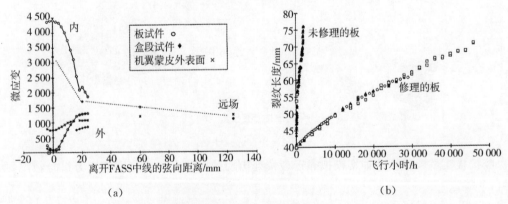

（a）   （b）

图 4-13 应变与裂纹扩展速率

（a）应变；（b）裂纹扩展速率

（4）盒段试验验证。盒段与板件试验情况相一致，对静强度、裂纹扩展以及温度对二者的影响都要进行测试验证,如图 4 - 14 所示。

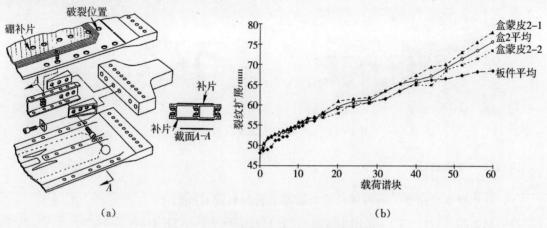

(a)　　　　　　　　　　　　　　　　　　　(b)

图 4 - 14　盒段试验结构与疲劳裂纹扩展

(a)盒段试验结构;(b)疲劳裂纹扩展

4.1.6　修理效果

(1)进行修理后,这架飞机安全飞行 2 年以上,累计飞行小时为 655.9。

(2)每 100 h 定检一次,无脱胶、退化、裂纹扩展迹象。

(3)此计划后续的整个机队都采用此方法。

(4)该架飞机已退役,对机翼进行 8 074.4 h 的进一步典型应用载荷谱作用,未发现裂纹扩展或修理的退化。

4.1.7　结论

(1)修理后的飞机累计飞行小时为 655.9,进行全尺寸机翼 8 074.4 h 疲劳试验,未发现裂纹扩展或修理的退化。

(2)利用该项技术修理了另外 3 个机翼,并使其恢复到可充分运行的状态。

(3)证实并确认这一新的修理方案是合理、可靠的。

(4)证明基于 3D-FEM 分析的独立分析方法是可用于证实典型试件的一种极具效率且有效的方法。

4.2　C - 5A 飞机机身顶部裂纹

本案例为运输机 C - 5A 机身顶部裂纹(见图 4 - 15),具体案例损伤、修理情况如下。

(1)老龄化导致机队机身后段蒙皮出现多处小裂纹,长为 28～50 mm。

(2)可能原因是使用了应力腐蚀敏感的 7079-T6 铝合金。

(3)1995 年,圣安东尼奥空军后勤中心怀特实验室的团队和美国空军学院的人员,在机身站位 FS1700、FS1784 两处进行了复合材料胶接修理。

（4）更换蒙皮的机械连接修理要更换框和长桁,不易实现。

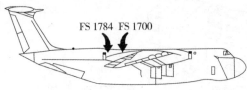

图 4 - 15　C - 5A 飞机及裂纹损伤位置

4.2.1　修理选项

（1）补片材料的刚度。采用硼纤维树脂基复合材料或 Glare。

（2）热膨胀系数（CTE）。采用中或高 CTE 材料更优于低 CTE 材料。

4.2.2　胶接修理设计

（1）CalcuRep 计算。开发了一个解析的封闭式的计算程序——CalcuRep,可快速设计胶接修理。计算目标参数包括修后裂尖应力强度因子 K、补片应力 $\sigma_{补片}$、补片端头蒙皮应力 $\sigma_{端头}$、胶层剪应变 $\gamma_{胶层}$、最小补片长度 P_1 与载荷传递长度 L_{TL}。其强度约束及复合材料修理结构的输入数据见表 4 - 1～表 4 - 3,输出数据见表 4 - 4。

表 4 - 1　强度约束

参数	典型载荷	限制载荷	极限载荷
K		$<K_e/1.5$	$<K_e$
$\sigma_{补片}$	<0.5 倍屈服强度	<屈服强度	<极限强度
$\sigma_{端头}$	<0.5 倍屈服强度	<屈服强度	<极限强度
$\gamma_{胶层}$	$<0.5\gamma_e$	$<1.2\gamma_e$	$<1.5\gamma_e$
P_1	$40L_{\mathrm{TL}}$	$40L_{\mathrm{TL}}$	$40L_{\mathrm{TL}}$

注:K_e 为裂尖临界应力强度因子,γ_e 为胶层临界剪应变。

表 4 - 2　强度约束计算值

参数	典型典荷	限制载荷	极限载荷
$K/(\mathrm{MPa}\cdot\mathrm{m}^{\frac{1}{2}})$		<50	<75
$\sigma_{补片}/\mathrm{MPa}$	<236	<472	$<1\,100$
$\sigma_{端头}/\mathrm{MPa}$	<236	<472	$<1\,100$
$\gamma_{胶层}$	$<0.044\,6$	$<0.107\,04$	$<0.133\,8$
P_1	$40L_{\mathrm{TL}}$	$40L_{\mathrm{TL}}$	$40L_{\mathrm{TL}}$

表 4-3　复合材料修理结构的输入数据(CalcuRep)

参数	FS 1700	FS 1784
蒙皮厚度/mm	1.3	1.3
裂纹长度/mm	12	22
框架间距/mm	628	508
长桁间距/mm	155	155
纵向应力(典型)*/MPa	121	121
周向应力(典型)*/MPa	100	100
纵向应力(限制)/MPa	223	227
周向应力(限制)/MPa	81	83
补片厚度/mm	Glare2-3　21.4	Glare2-4　31.55

* 每 1 000 飞行小时出现 500 次的载荷(每个寿命周期出现 15 000 次)。

表 4-4　复合材料修理结构的输出数据(CalcuRep)

参数	典型载荷	限制载荷	极限载荷
$K/(\text{MPa} \cdot \text{m}^{\frac{1}{2}})$	3.03	7.13	19.6
$\sigma_{补片}$/MPa	148	268	394
$\sigma_{端头}$/MPa	195	352	517
$\gamma_{胶层}$	0.034 3	0.080 5	0.152 3
P_1/mm	153	153	153

(2)Franc2D-L 计算。由于 CalcuRep 只能处理简单的情况,因此建立了 Franc2D-L 二维有限元模型,有限元计算应力结果见表 4-5,有限元模型如图 4-16 所示。表 4-5 中,$\gamma_{胶层}$ 为胶层的剪切破坏应变。有限元计算应力结果及其与快速工具计算的应力强度因子比较如图 4-17 所示。

表 4-5　有限元计算应力结果

作用的纵向应力/MPa	$K/(\text{MPa} \cdot \text{m}^{\frac{1}{2}})$	$\sigma_{补片}$/MPa	$\sigma_{端头}$/MPa	$\gamma_{胶层}$
80	2.49	46	75	0.018
120	3.67	67	110	0.024
145	4.47	82	137	0.030
160	4.84	89	145	0.033
227	6.86	126	202	0.045

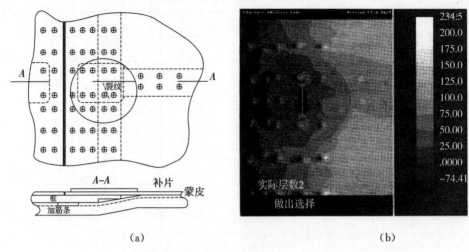

(a)　　　　　　　　　　　　　　　　　(b)

图 4-16　局部修理结构及采用 Franc2D-L 工具建立的二维有限元模型

(a)局部修理结构；(b)采用 Franc2D-L 工具建立的二维有限元模型

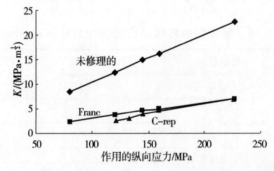

图 4-17　有限元与快速工具 Franc、C-rep 计算的应力强度因子比较

4.2.3　试验验证

　　同样采用试验的方法逐级验证,包括静强度与疲劳强度。典型疲劳载荷裂纹扩展速率和实际载荷谱的裂纹扩展速率如图 4-18 所示。由试验结果可知,用复合材料修理后的裂纹扩展速率大大降低,而且 Glare 补片效果更佳。

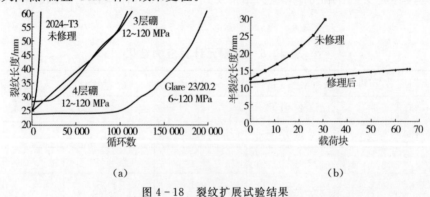

(a)　　　　　　　　　　　　　　　　　(b)

图 4-18　裂纹扩展试验结果

(a)在 2024-T3 铝合金上各种补片修补后的疲劳载荷裂纹扩展速率；(b)载荷谱试验(7075-T6 铝合金)

4.2.4 案例总结

（1）从 1995 年 10 月起，方案用于服役，中止蒙皮裂纹扩展。

（2）费用相对于机械修理较高。

（3）通过 C-5A 飞机载荷谱对胶接修理的测试发现，修理后寿命延长了 1 倍。

4.3　B6673 飞机发动机风扇叶片防磨带修理

案例背景：自 2017 年 6 月 17 日首次发现 B6673 飞机 2 发风扇叶片防磨带 6 点钟位置掉块，至 2018 年 6 月 10 日完成最后一次挖补修理，历时 1 年完成修复，中间共经过 10 余次的修理，仍存在掉块现象，某航空公司派出 8 人三批次前往德国汉莎和上海青浦普惠发动机厂参观学习，通过不断的努力与尝试，完成了最终挖补修复，截止目前监控正常，未发现掉块现象。

4.3.1 损伤定位、检测与分析

损伤的检测与定位主要通过目视检测，损伤位置如图 4-19 所示。

2发防磨带6点钟掉块处　　2发防磨带6点钟位置掉块

图 4-19　发动机防磨带损伤

4.3.2 修理方案与工艺

（1）V2500 发动机的防磨带掉块属于常见缺陷，可能会遇到更多的掉块现象，但厂家答复不会造成发动机叶片损伤，实践中也没有发现叶片有损伤。

（2）如果遇到掉块现象未伤及玻璃纤维增强复合材料（Glass-fiber Reinforced Composite，GRC）层，可直接用蓝色腻子填平。

（3）如果填平仍掉块就没有必要尝试用密封胶修理，直接参考 NRC-2018-B6673-0044 完成修理即可，工期需要 3 d。

（4）如果掉块伤及 GRC 层就必须在 10FH（Fly Hours，飞行小时）或 5FC（Fly Circles，飞行循环）完成挖补修理。

修理过程及修理后的效果如图 4-20～图 4-22 所示。

4.3.3 执行标准

（1）防磨层的检查主要参考 AMM TASK 72-32-85-200-010-B。

图 4-20　现场就地修理

图 4-21　损伤去除

图 4-22　修理后的效果

　　(2)防磨带是叶片和防磨层接触的区域,不超过 4.01 mm 无需处理,如果超过 4.01 mm 但 GRC 层未损伤是可以接受的,但需完成修理。

4.4　空客 A320 升降舵积水维修

4.4.1　民航维修背景

　　空客 A320 飞机的定期检修,通常分为 A 检和 C 检,一个 A 检的周期一般为 45 d 左右,8 个 A 检后需进行一次 C 检。每个 A 检的工作量基本相似,但随着时间的推移,每个 C 检的工作量不断增多。C 检以 4C 为一个周期,工作量达到峰值,然后进行 5C 时工作量有所下降,类似于 1C 的工作量。民航业通常所说比较大的定检是 4C、8C、12C 这类维护间隔和停厂时间较长的定检。由于升降舵积水的情况不是很常见且发现积水后的处理周期较长,因此此项工作一般在 4C、8C、12C 这类大的定检中进行。

4.4.2 维修步骤简述

(1)采用电热毯加热的热激励方法进行热成像检测,初步确定损伤区域。

(2)用直径不大于 2 mm 的钻头在损伤区域内钻孔,钻好后用棉签检查孔内是否有水,如图 4-23 所示。

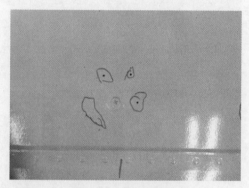

图 4-23　钻孔确认水迹

(3)若确认该处存在水迹,则需对积水区域及周围进行敲击检查,判断是否存在分层,以便初步确认损伤面积和涉及的面(升降舵的上下表面)。

(4)拆卸升降舵修理,也可在役修理。复合材料修理一般要求在恒温、恒湿、无尘的环境下进行,因此,为便于开展工作,建议拆下升降舵进行修理。

(5)打磨去除表面漆层和铺层,直到露出蜂窝,如图 4-24～图 4-26 所示。打磨过程中会发现蜂窝内的积水通过其他损伤在蜂窝晶格间形成的间隙(分层或蜂窝损伤)进行蔓延,因此,在打磨的时候应根据实际情况对打磨区域进行适当延伸。

图 4-24　打磨去除表面漆层

(6)确认损伤面积,选择合适的修复方案。由表 4-6 可知,当损伤面积 $S < 1\ 000\ mm^2$ 时,依据 A320 SRM(Structure Repair Manual,结构修理手册)51-77-13 章第二段进行永久性修理。

(7)此次实例中共发现了 13 处积水,如此多的积水点是之前从未遇到过的,这次维修也极具挑战性。经测量，此次的积水点虽多，但都是 $S<1\ 000\ \text{mm}^2$ 的情况，因此选择 $S<1\ 000\ \text{mm}^2$ 的修理方案。

图 4-25 打磨去除铺层

图 4-26 复合材料蜂窝损伤结构最终打磨尺寸

表 4-6 A320 SRM 中修理方案的选择

损伤类型	损伤深度	夹芯板影响元素	可达性	扩展	SRM 适用修复章节
表面损伤和分层(有或没有裂缝和/或孔洞)	部分夹层厚度受影响	一个表面夹芯	—	损伤面积小于或等于 1 000 mm² (1.50 in²)	51-77-13 章第二段
表面损坏和分层(有或没有裂缝和/或孔洞)	部分夹层厚度受影响	一个表面夹芯	—	损伤面积大于 1 000 mm²(1.50 in²)	51-77-13 章第二段 三个湿铺层或方向 ±45/0-90/±45
表面损坏和分层(有或没有裂缝和/或孔洞)	全部夹层厚度受影响	蒙皮加芯(夹芯板中心区域)	仅从外表面	损伤面积小于或等于 1 000 mm² (1.50 in²)	51-77-13 章第二段

（8）清洁除湿。本次维修选用抽真空并加热至 60℃ 保温 8 h 的方法进行除湿。采用热补仪 HEATCON 带红外控温系统的烤灯进行加热，如图 4-27 所示。

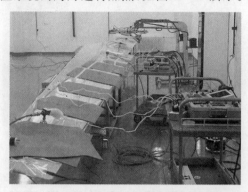

图 4-27　使用热补仪抽真空加热除湿

（9）使用牌号为 EC3524 B/A（CML 08-022）的填充物对裸露蜂窝进行填平，填胶和铺层示意图及填平处理如图 4-28 所示。

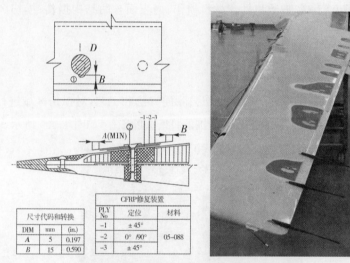

CFRP修复装置		
PLY No	定位	材料
-1	±45°	
-2	0°/90°	05-088
-3	±45°	

尺寸代码和转换		
DIM	mm	(in.)
A	5	0.197
B	15	0.590

图 4-28　填胶和铺层示意图及填平处理

（10）待填充物固化后对损伤区域进行打磨，使其与表面齐平。

（11）制作预浸料（见图 4-29）。本次修理使用干的碳纤维布和件号为 EA9396 的环氧树脂来制作预浸料，并使用热补仪进行加热固化，固化温度为 80℃，时间为 2 h（复合材料修复的固化时间通常是预浸料制备中使用的环氧树脂的固化时间）。裁剪铺层时，首层应比填充区域大 0.5 in（1 in=25.4 mm），中间层和最外侧比首层逐层增大 0.5 in。铺设时，应根据原始铺设方向选择正确的铺设方向：一般首层取 ±45°，中间层取 0°/90°，最外层取 ±45°。

（12）固化后检查修理区域，看是否有小孔存在。若存在小孔还需用小孔填充剂（件号：AW106）进行填平处理。

（13）打磨恢复表面涂层。

（14）对修理区域作最终的质量检查。

图 4 - 29　制作预浸料

4.5　美国海军研究实验室返厂大修案例

本案例是美国海军研究实验室对飞机纸蜂窝夹芯复合材料结构进行的返厂大修。该案例的特点是：损伤区域包含蜂窝芯子和复合材料损伤；内表面含肋结构损伤；损伤区域为胶-螺混合连接形式。

4.5.1　损伤区域去除

发现损伤后需要进行返厂修理。确定损伤去除的方法和工艺，对损伤区域进行打磨切割等。美国海军研究实验室采用特殊的工具进行了精细的打磨去除工作，如图 4 - 30 所示。

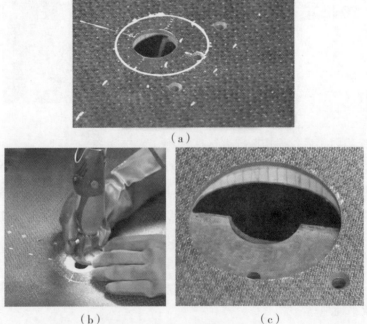

（a）

（b）　　　　　　　　　　　　（c）

图 4 - 30　损伤区域精细去除工序

（a）损伤去除；（b）、（c）台阶打磨

续图 4-30　损伤区域精细去除工序

(d)～(f)台阶打磨；(g)蜂窝处精细打磨

4.5.2　复合材料肋的损伤修复

由于此结构是蜂窝夹芯复合材料含肋结构，而且涉及肋的损伤，因此修复工艺比较复杂，在完成损伤去除工作后，先对背面的肋进行胶-螺混合修理。具体工序如图 4-31 所示。

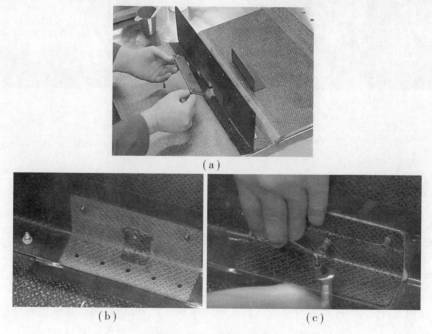

图 4-31　肋的修复工序

(a)肋补片定位；(b)肋补片粘接；(c)肋补片螺接

4.5.3 壁板外表面复合材料修复

肋区域修复结束后,将结构翻转 180°回到外表面,进行蜂窝区域的复合材料贴补修复。过程包括预浸料剪裁与铺贴、胶膜铺贴、蜂窝区垫块放置、温度传感器布置、真空包与电热毯放置、固化温度时间设定和固化等。具体工序如图 4-32 所示。

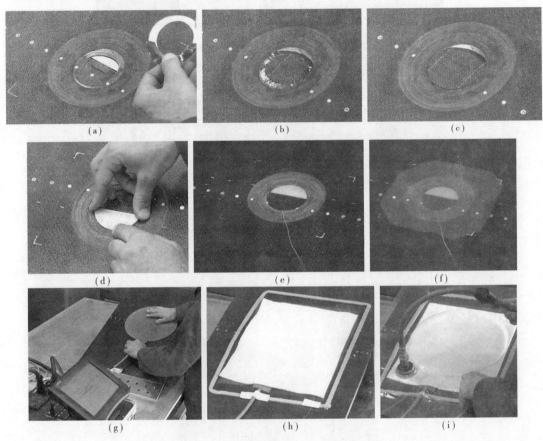

图 4-32 壁板外表面复合材料修复工序
(a)~(c)胶膜铺贴;(d)~(f)蜂窝区垫块填塞;(g)~(h)固化

4.5.4 表面清洁、贴胶膜、填补蜂窝等

在上一个步骤完成后,需要进行表面清洁、胶膜铺贴、蜂窝填充工序,其中表面清洁处理尤为重要,关系到最终胶接的质量。具体工序如图 4-33 所示。

4.5.5 阶梯挖补修复

纸蜂窝填充好之后,需要进行复合材料面板的阶梯式挖补修理,铺贴胶膜后逐层按铺层角度顺序铺贴预浸料,最后铺放打磨层,安置真空袋,进行加热加压固化。具体工艺如图 4-34~图 4-36 所示。

4.5.6　修补区域螺栓连接

整个补片胶接固化修复好之后,需要对修复区域面板和肋缘条进行打孔和机械螺栓连接,如图 4-37 和图 4-38 所示。

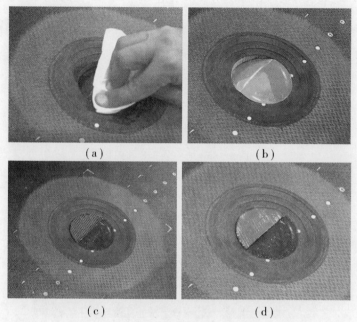

（a）　　　　　　　　　（b）

（c）　　　　　　　　　（d）

图 4-33　表面清洁、贴胶膜、填补蜂窝等工序
(a)表面清洁;(b)胶膜铺贴;(c)蜂窝填充;(d)蜂窝上铺贴胶膜

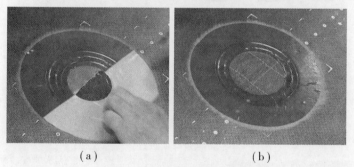

（a）　　　　　　　　　（b）

图 4-34　胶膜与预浸料铺贴
(a)台阶表面胶膜铺贴;(b)第一层预浸料铺贴

（a）　　　　　　　　　（b）

图 4-35　打磨层铺贴

4.5.7 修理质量检查及最终效果

完成所有修理修复工序后,需要对修理的质量进行检查,包括目视和非目视检查。对于该案例结构修理情况,壁板的最终修理效果与细节如图 4-39 所示。

图 4-36 真空袋布置与固化

图 4-37 修补区域打孔和螺栓连接

图 4-38 肋缘条与面板进行螺栓连接

(a)   (b)

图 4-39 壁板的最终修理效果与细节

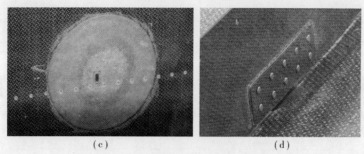

（c）　　　　　　　　　　　（d）

续图 4-39　壁板的最终修理效果与细节

参 考 文 献

［1］　贝克，罗斯.飞机金属结构复合材料修理技术［M］.琼斯，董登科，丁惠梁，译，北京：航空工业出版社，2017.

［2］　刘斌.复合材料胶接修补参数优化及修后性能研究［D］.西安：西北工业大学，2016.

［3］　陈绍杰.复合材料结构修理指南［M］.北京：航空工业出版社，2001.

［4］　欧阳绍修.海军特种飞机结构腐蚀维护和修理指南［M］.北京：航空工业出版社，2019.

［5］　李顶河，徐建新.飞机复合材料结构修理：理论、设计及应用［M］.北京：科学出版社，2019.

［6］　乔新.波音飞机复合材料结构修理教程［M］.北京：中国民航出版社，1996.

［7］　赵丽滨，徐吉峰.先进复合材料连接结构分析方法［M］.北京：北京航空航天大学出版社，2015.

［8］　程普强.先进复合材料飞机结构设计与应用［M］.北京：航空工业出版社，2019.

第5章　复合材料修理结构静强度

　　先进的飞机复合材料结构需要高强度或高载荷传递效率的接头和维修结构，虽然复合材料具有优异的力学性能，但其修理后的结构发生了轻微变化，其静强度、刚度、稳定性、环境影响因子等是否符合设计规范或适航标准，是需要系统地对修理结构进行结构完整性验证的，特别是主承力结构。

　　按照修理方法，可将复合材料的修理分为机械连接修理、胶接修理以及混合连接修理。复合材料的胶接修理是一种较为新型、高效的修补技术，相对于其他两种方法，它能克服机械连接修理的缺点，同时具有增重小、抗腐蚀性强、不引入二次应力集中源等优点，尤其对于损伤孔这种严重损伤具有可观的修复效果。修理的目标是把损伤的结构恢复到所需要的能力，即恢复其在强度、刚度、功能特性、安全性、服役寿命以及外观方面的功能。理想情况下，修理将使结构恢复原来的能力与外观。修理之前，必须知道构件的结构组成，并应按照相关需要考虑的因素选择合适的设计准则。采用螺栓连接或胶接方法连接新材料，要对间隙进行桥接或把薄弱处增强，重新建立受损构件对载荷传输的连续性。修理的本质就是一个把载荷由母体材料传入补片、再由补片传出到母材的连接接头。因此，复合材料修理结构的元件级形式应该是接头的形式，最开始的完整性验证都应该是对此类形式的元件或构件进行试验研究。

　　复合材料的特殊性使其在承受载荷之后的损伤形式比普通的金属材料等更为复杂，修补工艺也更加烦琐。对于修复后的复合材料，其静强度还需要进行一系列验证试验以满足用户需求，即得到低风险、低成本和可靠性高的修补结构。

　　积木式方法如图5-1所示，它用于确定并验证商业飞机复合材料结构的材料许用值和设计值。这种方法从初始的材料筛选到最终的真实结构适航取证，提供了系统的手段来处理复合材料。积木式方法同样适用于修复后的复合材料结构验证。

　　复合材料修理结构取证的方法影响着所用的分析方法和许用值要求。可以选择的方法有两类：通过试验来取证，或通过分析来取证。虽然这两者有很多共同的特征，但要强调的是它们在设计过程中的不同处。另外，还可采用将它们相组合的方法，来满足单独飞机的独特需要。

对于用试验来取证的方法(点设计试验),取证的最终基础是对完整的结构进行试验。许用值和分析方法被用于进行尺寸设计,而最终的检验则是采用全尺寸结构的试验。建立材料性能和检验分析方法的工作量,取决于所选计划设想的风险度。虽然这个方法可以显著降低计划的成本,但要在计划的后期才可能揭示出设计的缺陷,或者可能要以增加质量为代价来降低这个风险。此外,进行单独复杂的试验费用要高得多,而且应用范围极其有限。在整个计划中积累的信息对其他计划可能没有什么实际的用处,因此下一个项目将不会从其经验中得到好处。

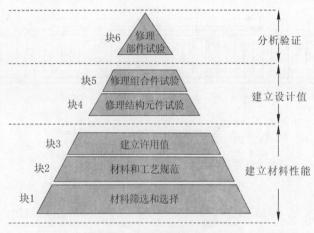

图 5-1　积木式方法

另外一个验证的方法是分析取证,这个方法假定可以通过分析来预计修理结构的行为,并使用经过核准的许用值和分析方法。该方法的初始费用可能高于通过试验取证的方法,但其结果可应用于其他计划,因而能极大降低长期的投资。同时,这种方法还能在计划中较好地分析一些相关的问题。

不管采用哪个方法或方法的组合,必须对典型的修理结构进行充分的试验以验证该方法。在使用分析取证方法的情况下,可以从过去同样的设计或研究工作中得到足够的信息,来减少该计划特有的元件试验。然而,这需要使用经过验证的结构构型与分析方法。本章主要介绍复合材料胶接修理结构的静强度试验验证方法和失效机理。

5.1　复合材料胶接修理结构拉伸载荷试验及失效机理

最常使用的胶接修理是贴补修理,如图 5-2 所示。复合材料贴补修理一般针对的是结构传递载荷不太大的部位,如果是主承力结构,则要对复合材料主结构采用挖补形式修理。

胶接挖补形式具有齐平、气动、光顺的外形特点,同时可以传递较大载荷,适用于主承力结构的修理,一般分为斜面式和阶梯式两种,如图 5-3 和图 5-4 所示。斜削的角度一般很小,以易于将载荷引入连接处并防止胶黏剂逸出,斜削比为 1:10~1:40。处于修理材料和母体材料之间的胶黏剂通过剪力把载荷由母体材料传给补片。贴补修理概念是这二者中较容易实现的,其缺点是:有载荷的偏心(会引起剥离应力),以及会凸出到空气流之中。可以通过台阶式补片,或使补片形成锥度,以降低补片边缘的应力集中。由于检测胶接修理困难,与螺栓连接修理相比,胶接修理需要较好的质量控制、训练有素的人员和较高的清洁度。

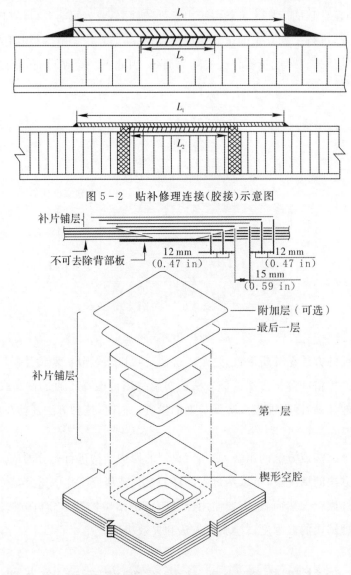

图 5-2　贴补修理连接(胶接)示意图

图 5-3　复合材料结构斜面式挖补修理示意图

5.1.1　复合材料斜面胶接修理试验元件

对于复合材料斜面挖补修理结构,其简化元件形式为斜面胶接。对于元件的验证采用试验方法,可通过试验对复合材料斜胶接结构的拉伸承载能力、失效机理、破坏模式等问题进行研究。试验获取了载荷-位移、应力-应变、断面照片、断面显微照片、断裂路径等信息。试件采用 4 mm 厚的层合板斜接结构。

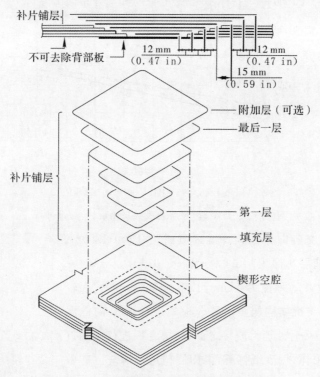

补片铺层

不可去除背部板

12 mm
(0.47 in)

12 mm
(0.47 in)

15 mm
(0.59 in)

附加层（可选）

最后一层

补片铺层

第一层

填充层

楔形空腔

图 5-4　复合材料结构阶梯式挖补修理示意图

　　试件中复合材料选用第二代碳纤维树脂基复合材料 T700/LT03A，其中 T700 为高性能碳纤维丝束，LT03A 为低温（75℃）固化环氧树脂基体（125℃后处理）。复合材料树脂质量百分数为 32％±2％，材料密度典型值为 1.56 g/cm³，单层名义厚度为 0.125±0.01 mm。

　　斜接面的胶黏剂选用 Cytec 公司的中温（120℃）固化增强环氧胶膜 FM73M，密度为 1.2 g/cm³。T700/LT03A 和 FM73M 的力学属性见表 5-1。

　　T700/LT03A 和 FM73 强度参数见表 5-2。Cytec 公司提供的 FM73M 胶的剪切应力-应变关系随温度的变化如图 5-5 所示。

表 5-1　T700/LT03A 和 FM73M 的力学属性

材　料	E_{11}/GPa	$E_{22}(=E_{33})/\mathrm{GPa}$	ν	$G_{12}(=G_{23}=G_{13})/\mathrm{GPa}$
T700/LT03A	128	8.46	0.322	3.89
FM73M	2.27		0.35	0.84

表 5-2　T700/LT03A 和 FM73 强度参数　　　　　　　　单位：MPa

材　料	X_{T}	X_{C}	Y_{T}	Y_{C}	Z_{T}	S_{12}	$S_{13}=S_{23}$
T700/LT03A	2 372	1 234	50	178	50	107	80.7
FM73M					37.3		46.1

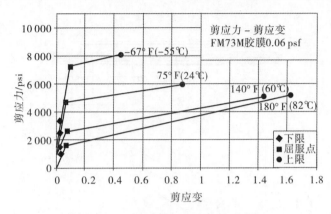

注：1 psi＝6.895 kPa；1 psf＝0.048 kPa。

图 5-5　FM73M 随温度变化的剪应力-应变曲线

图 5-6　制备完好的试件
正视图

被粘接体为正交各向异性碳纤维环氧树脂 T700/LT03A 复合材料层合板，铺层顺序为[45/0/－45/90/0/45/0/－45/0/0/90/0/－45/0/45/0]$_s$，厚度为 4 mm，长度为 300 mm，代表较厚的高载荷主承力飞机结构层板。层合板先进行 75℃ 的低温固化，然后进行 125℃ 后处理。胶接之前，对层合板进行切割打磨，切割成 5° 的楔形体，用砂纸打磨，再用酒精进行清洗。准备好被粘接楔形复合材料后，将胶膜 FM73M 铺放至胶接面，进行二次固化，固化温度为(120±3)℃，固化时间为 60 min，固化时压力为(0.28±0.03) MPa。待复合材料胶接结构固化完好后，按试验需求将其切割成宽为 50 mm 的复合材料斜胶接试验件，并在两端粘接加强片，用作拉伸试验夹持端，图 5-6 为制备好的胶接试件的正视图，图 5-7 为试件侧视图，用直线示意斜胶接线的位置。

图 5-7　制备的试件侧视图

根据 ASTM(American Society of Testing Material，美国材料试验协会)对复合材料层合板拉伸试验的规定，参考图 5-8 的应变片粘贴位置，我们把面外弯曲参数记作 B_y、面内弯曲参数记作 B_z，这两个参数可衡量试验件在拉伸过程中是否受载均匀、是否有弯曲效应。按标准要求，B_y 和 B_z 的计算如下。

$$B_y = \frac{\varepsilon_{ave} - \varepsilon_3}{\varepsilon_{ave}} \times 100\% \tag{5-1}$$

$$B_z = \frac{2/3(\varepsilon_2 - \varepsilon_1)}{\varepsilon_{ave}} \times 100\% \tag{5-2}$$

式中，B_y 为绕 y 轴的弯曲；B_z 为绕 z 轴的弯曲；ε_1、ε_2 和 ε_3 为应变片 1、应变片 2 和应变片 3 的纵向应变，如图 5-8 所示；$\varepsilon_{ave} = [(\varepsilon_1 + \varepsilon_2)/2 + \varepsilon_3]/2$。

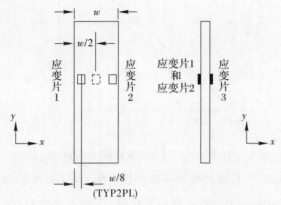

图 5-8　复合材料层合板拉伸试验 ASTM 应变片监测位置

图 5-9 为试件的尺寸示意图，灰色区域代表玻璃纤维增强复合材料（Glass Fiber Reinforced Plastics，GFRP）试验段，两边空白区域为增加厚度的试验夹持段。斜胶接总长度为 45.7 mm。在拉伸试验中，依据 ASTM-D3039/D3039M-08《聚合物基复合材料拉伸性能试验方法》标准应布置 3 个应变监测点，为了监测更多数据，额外增加 2 个位置，共布置了 5 个应变监测点，其中 1～3 号旨在监测试件是否均匀拉伸，4 号和 5 号点则用于研究胶接区域复合材料的应变与非胶接区域复合材料应变的异同。

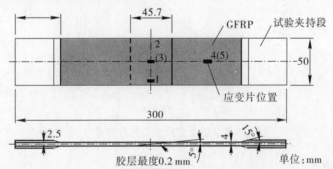

图 5-9　斜胶接复合材料试件尺寸图

拉伸试验采用实验室 200 kN 量程的 CRIMS-DNS20 万能试验机。试件在准静态条件下拉伸，拉伸速率控制为 0.5 mm/min。当试件达到最大承载并不再具备继续承载的能力时，计算机记录最大载荷作为试件的承载能力。

5.1.2　承载能力及应力、应变

试验过程中无大的断裂声音，直到材料脆性断裂破坏为止。图 5-10 给出试验测得的 3 个试件的拉伸载荷-位移曲线。由图 5-10 可知，复合材料斜胶接试件的承载能力分别为 69.98 kN（349.9 MPa）、64.67 kN（322.5 MPa）、76.62 kN（383.1 MPa）。胶接区域中心点 3

号位置的应变分别为 0.568%、0.541 3% 和 0.542 4%。

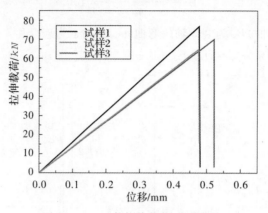

图 5-10　试件拉伸载荷-位移曲线

在所有试件中,选取 5 个位置应变值分散性最大的一组(试件 2)来说明结果的可信性,如图 5-11 所示。当应变在 0 到 0.2% 区间内变化时,应变重合性较好。这说明试件的应变在 0.2% 以内时,胶接区域受力较均匀,保证了结果的可信性。另外,由图 5-11(彩图见彩插)可以看出,处于非胶接区域的 4 号和 5 号位置的应力-应变曲线斜率均高于 1、2、3 号位置,原因是胶接区域刚度较层板区域小。

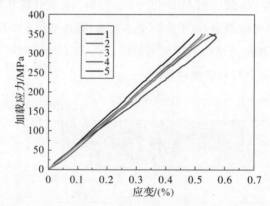

图 5-11　试件Ⅱ的 5 个应变监测点的应力-应变曲线

5.1.3　破坏模式

Kumar 研究了斜胶接复合材料的拉伸破坏,指出主要有两种竞争模式(见图 5-12):胶不发生损伤,复合材料失效,如图 5-12(a)的模式 A 以及图 5-12(b)所示;胶层发生破坏,复合材料不损伤,如图 5-12(a)的模式 B 以及图 5-12(c)所示,图 5-12(d)则给出胶层损伤的显微图。本试验的破坏也发现了两种竞争破坏模式,主要以胶层破坏为主,其次是复合材料的基体破坏分层损伤。

图 5-13 为试样Ⅰ的断面照片,目视检查发现,试件拉断后,胶存留在两个复合材料楔形体断面上,说明拉伸破坏模式以胶层断裂为主要破坏模式,也发现复合材料 90° 铺层被拉伸破坏。

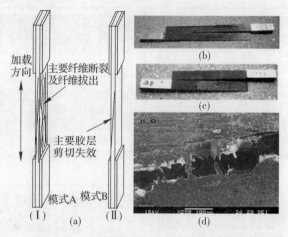

图 5-12　Kumar 给出的两种竞争破坏模式

(a)两种竞争破坏模式示意;(b)胶不损伤,复合材料失效;

(c)胶层破坏,复合材料不损伤;(d)胶层损伤显微图

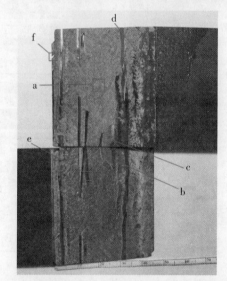

图 5-13　试样 Ⅰ 的拉伸断面及典型区域分割示意图

经过目视检查发现,试样 Ⅰ 断裂面内有 6 个典型的区域,如图 5-13 所示,编号为 a~f。针对这 6 个典型的区域,采用光学显微镜局部拍照并进行细节分析,如图 5-14 所示。

(1)a 区域为胶层内聚破坏,如图 5-14(a)所示,其中包含了纤维状的承载体以及固态胶体;

(2)b、c 区域为胶层黏附破坏,如图 5-14(b)和图 5-12(c)所示,表现为胶-复合材料界面破坏形式;

(3)d 区域为梳状胶体局部破坏,如图 5-14(d)所示,该区域出现了梳状胶体局部破坏形式,分布于 0°层的终端;

(4)e 区域为 90°层基体破坏,如图 5-14(e)所示,表现为 90°层局部被拉脱,为基体拉伸破坏模式;

(5)f 区域为 45°层基体破坏,如图 5-14(f)所示,可以看出楔形体尖端部分 45°层出现了基体拉伸破坏现象。

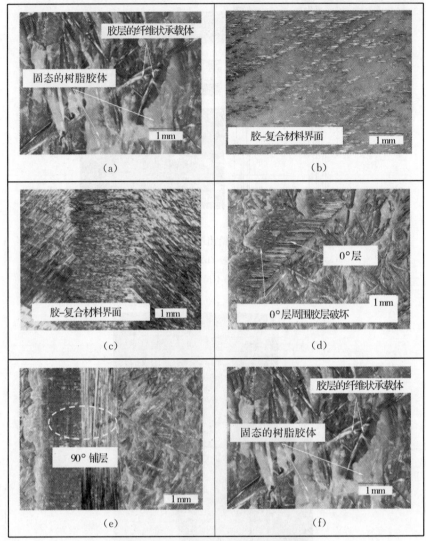

图 5-14　试样 I 中 6 个区域的显微图
(a)a 区域胶层破坏；(b)b 区域胶-复合材料界面破坏；
(c)c 区域胶-复合材料界面破坏；(d)d 区域 0°层局部梳状剪切破坏；
(e)e 区域 90°层基体拉伸破坏；(f)f 区域 45°层局部基体拉伸破坏

对于试样 II 和试样 III，采用与试样 I 同样的目视检查和光学检查方法，发现了其各自有 6 个典型的破坏形式，且 a 区域(胶层破坏)都在胶接区域内部靠中心位置，b 与 c 区域(胶-复合材料界面破坏)都在外侧，f 区域(45°层局部基体拉伸破坏)都在尖端部位。

综上可知，复合材料斜胶接试件在拉伸破坏过程中，其主要破坏模式为胶体的破坏，伴有复合材料 90°和 45°层的局部基体拉伸破坏。胶体的破坏以胶的内聚破坏为主，辅以胶与复合材料界面剪切破坏。

经过目视检查和显微镜细节检查之后，再从试件侧面进行显微镜观察分析，目的是得到真实的断裂模式和沿斜接方向的断裂路径。图 5-15 给出试样 II 侧面显微视图所分割的 10 个照相区域 a~j。

图 5-16 则给出试样 I 的 10 个显微观测区域的光学显微图。总结所有侧视显微图的断

裂情形,用直观的示意图的方式来表示试样 I 在拉伸破坏过程中斜接胶层及复合材料损伤的真实扩展路径,如图 5-17 所示。试样 I 复合材料损伤包括分层损伤和基体损伤两种,其中分层损伤共 2 处(第 5 层与第 6 层之间,第 11 层与第 12 层之间),基体损伤共 4 层(第 4 层、第 6 层、第 12 层及对称处第 12 层)。

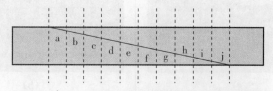

图 5-15　光学显微镜拍照的具体位置示意图

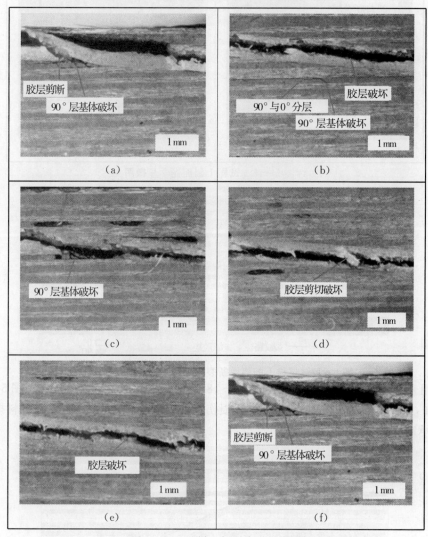

图 5-16　试样 I 侧面光学显微图

由图 5-17 可知:

(1) 复合材料基体断裂出现在 90°层和 45°层,0°层未出现基体破坏;

(2) 斜接试样的承载能力由胶体的最终脆性断裂控制;

(3) 局部破坏属于胶-复合材料界面剪切破坏。

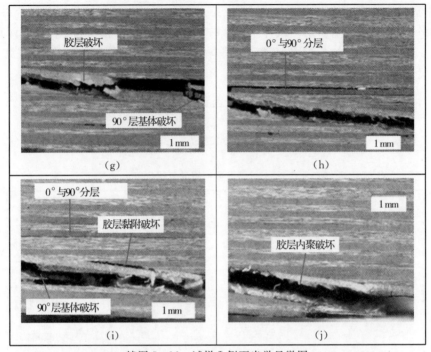

续图 5-16 试样 I 侧面光学显微图

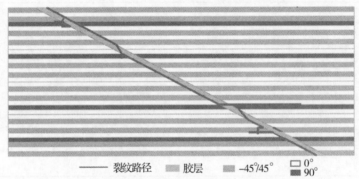

图 5-17 试样 I 的侧面断裂路径示意图（322.5 MPa）

试样 II 和试样 III 的侧面断裂路径如图 5-18、图 5-19 所示。综合图 5-17、图 5-18 和图 5-19 可知，除胶体的剪切破坏外，复合材料损伤程度表现不同，试样 III 的复合材料损伤最多，其最终的承载能力最高。

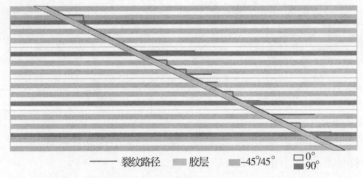

图 5-18 试样 II 的侧面断裂路径示意图（349.9 MPa）

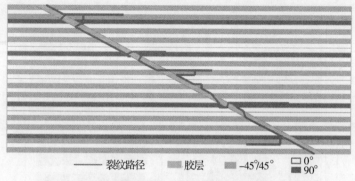

图 5 - 19　试样Ⅲ的侧面断裂路径示意图(383.1 MPa)

5.2　阶梯胶接修理结构的弯曲、面外剪切试验及失效机理

阶梯式搭接结构作为复合材料修补和连接的较好拓扑结构,具有无需钻孔、有平整形状、减少应力集中、满足刚度和强度设计要求等优点。一些文献对复合阶梯修复和挖补修复进行了研究,结果表明它们的应力集中较小。同时,对于真实的复合结构飞机连接修复工程,阶梯拓扑结构更容易实现。虽然大量研究者对复合材料阶梯粘接结构的平面内载荷和冲击载荷进行了研究,但对承担弯曲载荷的结构研究还不够。Vaidya 等发现面外荷载比面内荷载引起的剥离应力集中更高,因此,面外荷载[三点弯(3pb)和四点弯(4pb)]损伤机理值得深入系统地研究。

5.2.1　阶梯胶接复合材料结构制备

CFRP 层合板的阶梯式胶接修补结构如图 5 - 20 所示。使用的碳纤维布层压板堆叠顺序为 $[45/0/-45/90/0]_{3s}$,共 30 层。每三层组成一个台阶,总台阶数为 10。每层厚度为 0.2 mm。用于粘合层压板的胶黏剂为 LOCTITE-EA-120HP,厚为 0.2 mm。样品尺寸是 250 mm×25 mm×6 mm。复合材料碳纤维为 T300 系列,基体材料为环氧树脂。试件制作过程如图 5 - 21 所示。针对阶梯结构,加工了阶梯铝制模具。首先,预浸料被剪成不同的长度,并按顺序放在模具中。将预浸料和模具一起放入热压罐中进行固化。然后,胶黏剂被均匀地刷在阶梯表面。两个阶梯复合材料结合在一起并在 120℃下压缩至少 10 h。最后将整个复合材料粘接结构切割成试件。

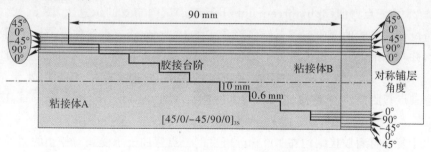

图 5 - 20　CFRP 层合板的阶梯式胶接修补结构

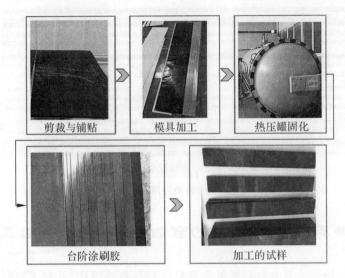

图 5 - 21　试件制作工艺

剪裁与铺贴　　模具加工　　热压罐固化　　台阶涂刷胶　　加工的试样

5.2.2　试验装置和加载情况

采用一台万能试验机进行试验,并对载荷和位移进行监测和记录,如图 5 - 22 所示。对于三点弯曲,设计了两个跨度,分别为 210 mm 和 100 mm。对于四点弯曲,简支点跨度为 210 mm,压缩点跨度为 100 mm,压缩速度为 0.5 mm/min。

试样　简支点　210 mm　100 mm　100 mm　210 mm

图 5 - 22　三点弯曲与四点弯曲试验设置

5.2.3　三点弯曲试验

图 5 - 23 为三点弯曲(3pb,three points bending)试验装置的示意图,图 5 - 24(彩图见彩插)为两跨度弯曲试验的弯曲荷载与位移关系。在 100 mm 跨三点弯曲下,对 4 个胶接试件进行了试验,并与 1 个层合板试件进行了比较。弯曲荷载与位移图显示,2 个胶接试件的承载能力分别高于板的 10.7% 和 22.6%,另外 2 个胶接试件的承载能力与板处于同等水平。210 mm 跨三点弯曲下,4 个胶接试件的承载能力分别比板降低 13.7%、17.4%、15.1%、22.7% 和 7.6%。由图 5 - 24 可知:

(1)由于复合材料胶接结构在 100 mm 跨度的三点弯曲下承受相对较小的面外变形,承载能力可能超过复合材料层合板;

(2)然而,由于在 210 mm 跨度的三点弯曲下,面外变形变得更大,复合材料胶接结构的承载能力低于复合材料层压板。从载荷-位移图来看,当弯曲载荷达到最大值时,对于大多数复合材料胶接结构来说,载荷突然下降到零,而复合材料层压板表现出很强的连续能力。这是因为复合层压板纤维是连续的,但阶梯搭接接头切断了纤维。

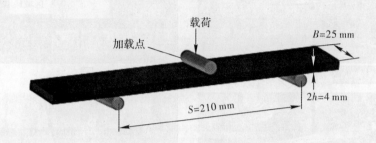

图 5-23 三点弯曲试验装置示意图

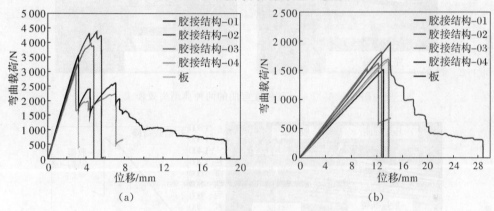

图 5-24 三点弯曲试验载荷-位移曲线

(a)100 mm 跨度弯曲复合材料层合板和胶接结构;(b)210 mm 跨度复合材料层合板和胶接结构

利用准静态弯曲试验的渐进损伤优势,对渐进损伤进行拍照,可分析整个破坏过程,并解释载荷下降的原因。如图 5-25 所示,存在三种典型的损伤模式。在 100 mm 跨度试验中,发现了模式 A 和模式 B,模式 A 是主要的损伤模式。210 mm 跨度试验中模式 C 是损坏模式。渐进损伤细节如图 5-26~图 5-28 所示。模式 A 是完全断裂位置位于试样拉伸侧的阶梯搭接末端,如图 5-26 所示。模式 B 是初始损伤发生在试样的阶梯搭接末端压缩侧,最终断裂与模式 A 一致,如图 5-27 所示。模式 B 中的初始损伤被放大并显示在图 5-28 中。从图 5-28 可以看出,三层纤维在第三层和第四层之间发生屈曲和分层。屈曲纤维位置承受压应力和剪应力。

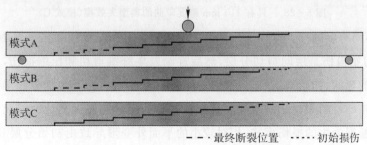

图 5-25 三点弯曲的三种损伤模式示意图

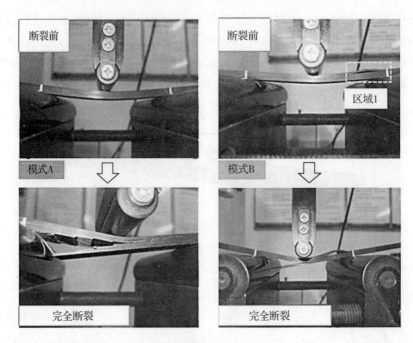

图 5 - 26　100 mm 跨度弯曲的两种典型失效模式

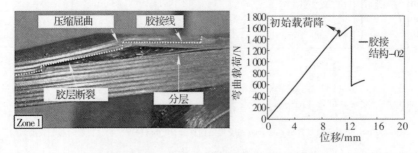

图 5 - 27　模式 B 中的区域 1 损坏详情

图 5 - 28　具有 210 mm 跨度弯曲的典型失效模（模式 C）

同时,在不同跨度的三点弯曲下测试复合层压板,如图 5 - 29 和图 5 - 30 所示。对于较短跨度的弯曲,初始损伤是层间剪切分层,然后逐渐发生纤维剪切和压缩损伤,直到完全断裂。对于较长跨度的弯曲,初始损伤是上半部分穿过厚度方向,然后下半部分纤维断裂。因此,主导的损伤模式是纤维断裂。不同的跨度意味着不同的变形与厚度之比。因此,大的平面外变形导致以纤维断裂为主的损伤模式,相对较小的平面外变形导致由初始分层和渐进纤维剪切压缩断裂组成的复杂损伤模式。

图 5-29　100 mm 跨度弯曲的复合材料层合板渐进损伤

图 5-30　210 mm 跨度弯曲的复合材料层合板渐进损伤

5.2.4　四点弯曲试验

图 5-31 所示为四点弯曲(4pb,four points bending)试验装置的示意图,四点弯曲可以为试样的中间部分提供纯弯曲,中间部分不承受剪应力,只承受法向应力。图 5-32(彩图见彩插)显示了复合材料胶接结构和复合材料层压板的弯曲载荷与位移的关系。很明显,复合材料层合板的抗弯强度比胶接结构大。如图 5-33 所示,典型损伤模式是层断裂,伴随着复合材料分层。裂纹张开的初始尖端位于拉伸侧的阶梯搭接末端,典型地表现为模式 A。这意味着,当阶梯搭接区域处于纯弯曲载荷下时,损伤模式与短跨三点弯曲相一致。

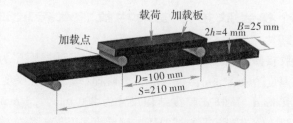

图 5-31　四点弯曲试验装置示意图

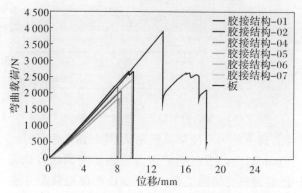

图 5-32　复合材料层合板和胶接结构的载荷-位移关系

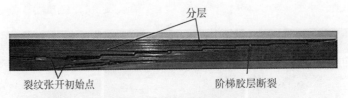

图 5-33　四点弯曲阶梯修理结构的典型损伤模式

图 5-34 给出复合材料层合板在四点弯曲下的渐进损伤。点 I 代表极限承载能力；纤维断裂发生在其中一个压头下，上半部纤维断裂并出现分层。第一次载荷下降后，弯曲载荷再次上升，新的分层出现并扩展。最后由于两层分离，复合材料层合板不再具有承载能力。

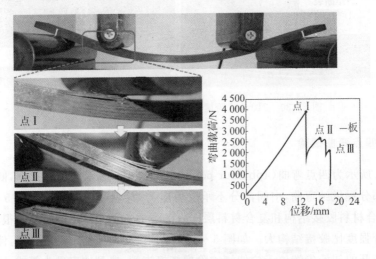

图 5-34　四点弯曲下复合材料层合板的渐进损伤

5.3　阶梯式胶接修理结构拉伸载荷验证与分析

复合材料阶梯式胶接修理结构示意图如图 5-35 所示，铺层顺序为$[45/0/-45/90/0]_{3s}$，总层数为 30 层，单层厚度为 0.2 mm。每三层一个阶梯，每个台阶厚度为 0.6 mm，总数为 10，整个胶接区域长度为 10 mm。阶梯式胶接结构尺寸为 250 mm×25 mm×6 mm。胶层厚度为 0.15 mm。黏合剂材料为 LOCTITE-EA-120HP。碳纤维是 T300 系列，基体材料为环氧树脂。

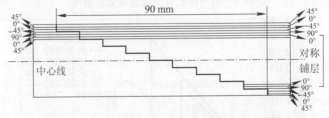

图 5-35　复合材料阶梯式胶接修理结构示意图

在准静态拉伸位移载荷下使用万能试验机测试，共测试 7 个试样。在测试过程中，使用位移引伸计测量中间 100 mm 长度的变形。采用力传感器测试试样载荷。图 5-36（彩图见彩插）显示了 100 mm 标距的力与变形的关系。7 个试件的极限载荷分别为 53.9 kN、43.7 kN、55.0 kN、47.8 kN、53.6 kN、46.1 kN 和 59.1 kN，承载力平均值为 51.3 kN。力标准偏差为

5.54 kN,变异系数为 10.8%。100 mm 长度的极限变形分别为 0.56 mm、0.46 mm、0.556 mm、0.569 mm、0.6 mm、0.45 mm 和 0.625 mm。变形标准偏差为 0.06 mm,变异系数为 12.2%。

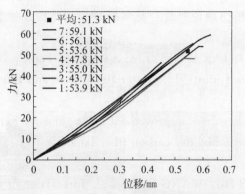

图 5-36　100 mm 标距的力-变形曲线

　　7 个试件的粘接面全部断裂,断口形貌如图 5-37 所示。通过图 5-38 所示的 3 号试样来展示断裂形貌,主要断裂模式是胶的剪切损伤。除此之外,45°层以基体开裂的方式损坏。在最终断裂之前,会听到一些微小的声音,可能是由于垂直台阶粘接处提前断裂产生的。

图 5-37　7 个试样的断口形貌

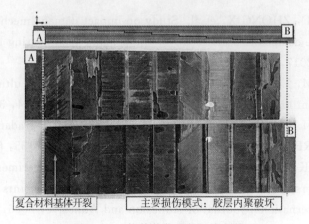

图 5-38　拉伸载荷下断口放大图

参 考 文 献

[1] 赵书寒. 基于渐进损伤理论的复合材料挖补修理结构性能分析[D]. 郑州:郑州大学, 2019.

[2] KUMAR S B, SRIDHAR I, OSIYEMI S O,et al. Tensile failure of adhesively bonded CFRP composite scarf joints[J]. Materials Science and Engineering (B), 2006 ,132: 113 – 120.

[3] Abusrea M R, Arakawa K. Improvement of an adhesive joint constructed from carbon fiber-reinforced plastic and dry carbon fiber laminates[J]. Composites(Part B),2016, 97: 368 – 373.

[4] KIM M K, ELDER D J, WANG C H, et al. Interaction of laminate damage and adhesive disbonding in composite scarf joints subjected to combined in-plane loading and impact[J]. Composite Structures,2012, 94: 945 – 953.

[5] GOH J Y, GEORGIADIS S, ORIFICI A C, et al. Effects of bondline flaws on the damage tolerance of composite scarf joints[J]. Composites (Part A), 2013, 55: 110 – 119.

[6] HARMAN A B, RIDER A N. Impact damage tolerance of composite repairs to highly-loaded, high temperature composite structures[J]. Composites (Part A), 2011, 42: 1321 – 1334.

[7] WANG C H, VENUGOPAL V, PENG L. Stepped flush repairs for primary composite structures[J]. Journal of Adhesion, 2015, 91: 95 – 112.

[8] LIU B, XU F, FENG W, et al. Experiment and design methods of composite scarf repair for primary-load bearing structures[J]. Composites (Part A),2016, 88: 27 – 38.

[9] LIU B, HAN Q, ZHONG X P, et al. The impact damage and residual load capacity of composite stepped bonding repairs and joints[J]. Composites (Part B), 2019, 158: 339 – 351.

[10] LIU B, XU F, ZHONG X, et al. Study on impact damage mechanisms and TAI capacity for the composite scarf repair of the primary load-bearing level[J]. Composite Structures, 2017, 181: 183 – 193.

[11] HUANG Z M, LIU L. Assessment of composite failure and ultimate strength without experiment on composite[J]. Acta Machanica Sinica, 2014, 30: 569 – 588.

[12] ZHAO L B, LI Y, ZHANG J Y, et al. A novel material degradation model for unidirectional CFRP composites[J]. Composites (Part B),2018, 135: 84 – 94.

[13] VAIDYA U K, GAUTAM A R S, HOSUR M, et al. Experimental-numerical studies of transverse impact response of adhesively bonded lap joints in composite structures[J]. International Journal of Adhesion and Adhesive, 2006, 26: 184 – 198.

[14] 陶梅贞. 现代飞机结构综合设计[M]. 西安:西北工业大学出版社,2014.

第 6 章　复合材料修理结构冲击与剩余强度

随着飞行器制造水平不断提升,工艺分离面大幅度减少,普通部位的机械连接,例如蒙皮与筋条的机械连接,正逐渐被共固化(co-curing)、共胶接(co-bonding)和二次胶接(secondary bonding)所替代。例如,美国 1997 年启动了"复合材料经济可承受性 CAI 计划",该计划由美国空军和海军资助,目的是研制低成本的大型整体结构和胶接结构。研发团队由空军和海军研究所及贝尔、波音、马丁、格鲁门等公司共同组成。该计划使三维机织 II 预成形件成功用于 F-35 框架与进气道蒙皮之间的连接,也在 F-35 前机身、机翼、垂尾上进行了验证。该计划使得单体式 II 连接和 T 连接等胶接技术在飞机、宇宙飞船和舰艇船舶结构上的应用日益增加。

随着复合材料胶接技术的发展,复合材料胶接结构已大量应用于先进飞行器,如 B747 表面结构 62% 为胶接结构。在飞行器复合材料结构服役过程中,遭遇的各类可见和不可见损伤需要进行胶接修补,斜接式胶接修补由于具有传力效率高、不影响气动外形的优势被应用于承力复合材料结构的修理。随着制造技术的发展,复合材料整体件越来越多,整体更换不再经济、适用,更需要进行修补。国内对层压板和蜂窝夹层结构的挖补、贴补修理及层压板低速冲击损伤的注射修理进行了探索性研究,完成了一些材料及胶的初步评定,编写了《复合材料结构修理指南》。北京航空材料研究院参与了"九五"期间针对复合材料主承力结构的"树脂基复合材料修理技术研究"的工作,并与欧州空中客车公司进行合作,建立了复合材料修理站。国内研究者也针对遇到的问题,借鉴国外的经验,研究了各种情形。根据计算及试验手段得到的方法、结论、经验,有利于形成集成化、快速化的复合材料修补系统,包括修补方案制定、工艺细化及修后评估等。尽管先进复合材料在各行业产品中的应用呈健康增长趋势,但此类结构在长期的服役过程中遇到各种各样问题时,会考验其配套技术是否能够快速跟进,如复合材料修补技术是否成熟。先进复合材料仍在发展和应用中,复合材料修理设计标准、制造工艺以及连接技术仍然不成熟,结构维修则会在很大程度上受复合材料修补设计标准、工艺等方面的制约。

飞机在服役过程中经常会遭受冲击载荷,从而导致复合材料结构内部产生可见和不可见损伤,如分层、纤维断裂和基体开裂。研究者发现复合材料修理结构也会面临冲击载荷的考验,其遭受冲击后压缩(Compression After Impact,CAI)和冲击后拉伸(Tension After Impact,TAI)性能均有明显下降,且 TAI 下降较多。因此,在设计之初考虑胶接修理后结构的冲击损伤容限问题是十分必要的。

6.1 复合材料胶接修理结构低速冲击验证与分析

在现有设计方法中,复合材料胶接修理只考虑完整修补结构的承载能力,未考虑任何脱胶及分层影响。现有的适航管理要求修补结构与原结构的损伤容限和疲劳耐久性相同或相当。换句话说,修补结构必须要达到或承受原结构的设计极限载荷,而且在允许的损伤(如脱粘或冲击损伤)下,还要能达到或满足原结构的疲劳耐久性。

6.1.1 低速冲击试验过程及设备

复合材料试验件的低速冲击试验标准只有冲击后压缩。因此对于复合材料修补结构没有冲击试验的标准,这里参考 A. B. Harman 和 A. N. Rider 自行设计的斜胶接复合材料试件的试验夹具,如图 6-1 所示。支撑条件属于四边支撑,宽度方向各支撑 5 mm,未支撑的空腔尺寸为 60 mm×40 mm,空腔外侧 20 mm 处各布置一个压持位置,为保护试件,在中间加橡胶垫片。斜胶接复合材料试验件的低速冲击试验采用 Instron9250HV 落锤冲击试验机,如图 6-2 所示。其中,冲头直径为 16 mm,质量为 5.607 kg,材料为钢。

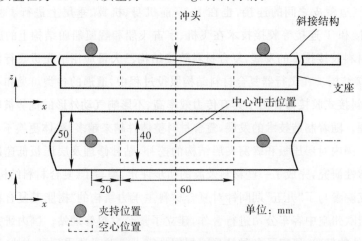

图 6-1　斜胶接复合材料试验件低速冲击夹具示意图

斜胶接复合材料试验件冲击前的加工质量检测及冲击后冲击损伤检测采用超声 C 扫描和超声 A 扫描两种方式相互配合实现。对试件进行试前质量检测,采用超声 C 扫描方式,完整结构超声波 C 扫描图像如图 6-3 所示。由图可知,试件制备完好,无明显制造缺陷,因此可以进行试验。在试验过程中,某些试件的冲击损伤采用了便携式的超声 A 扫描设备检测损伤范围,如图 6-4 所示。另外,选出几个试件从中心线切割,然后用光学显微镜观测的方法来获取冲击损伤。

6.1.2 冲击能量变化

选取胶接区域的中心位置 C 点进行不同冲击能量的研究,冲击能量范围(6～30 J)可根据勉强目视可见冲击损伤 BVID(Barely Visible Impact Damage)进行选取。

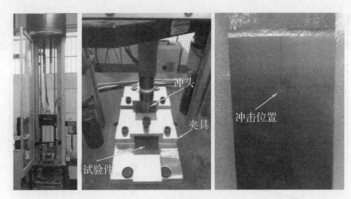

图 6 - 2　Instron9250HV 落锤冲击试验机

1#胶接区域

图 6 - 3　完整结构超声波 C 扫描图像

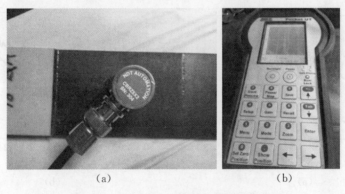

（a）　　　　　　　　　　　（b）

图 6 - 4　超声波 A 扫描设备检测损伤范围

（a）探头与试件；（b）操作区域

1.冲击响应

通过落锤试验机及计算机采集并记录了冲击锤头与试件的冲击载荷、试件被冲击点的挠度及试件吸收的能量。

以图 6 - 5 的 8 J 冲击能量时的冲击载荷-挠度曲线为例，根据载荷-挠度曲线斜率变化，将冲击过程分为 4 个阶段。

（1）阶段Ⅰ：线弹性阶段，即冲头刚接触试件产生接触力至第一个接触力峰值。此时结构处于弹性变形范围，斜率可视为结构在该支撑条件下的弯曲刚度。

（2）阶段Ⅱ：冲击载荷突降阶段，即接触力到达第一个峰值后突然下降。试样可能出现损伤，短时间内释放掉部分结构应变能，因此接触力快速下降，结构刚度迅速降低。

（3）阶段Ⅲ：冲击载荷再次上升阶段。阶段Ⅱ致使结构刚度迅速降低之后，载荷挠度曲线斜率再次上升,曲线斜率振荡并且逐渐稳定至接触力峰值处。

(4)阶段Ⅳ:回弹阶段,该阶段结构的应变能得到释放,转化为冲头向上回弹的动能,接触力也无振荡现象且呈非线性回弹。

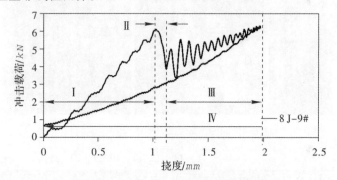

图6-5 8 J冲击载荷-挠度曲线

图6-6给出了各能量下冲击载荷-挠度(位移)曲线。由载荷-挠度曲线可以看到结构受冲击过程中弯曲刚度的变化,以及吸收能量的变化。由试验数据可知,当冲击能量低于23 J时载荷响应规律为:

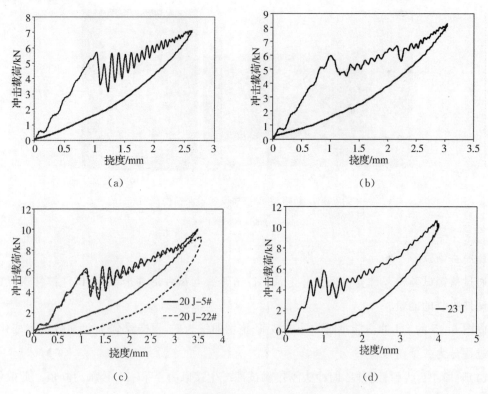

图6-6 冲击能量低于23 J的载荷-挠度曲线

(a)12 J;(b)16 J;(c)20 J;(d)23 J

(1)冲击载荷-挠度曲线符合8 J试样总结的四阶段规律;

(2)试件除冲击位置有凹坑外,其他部位无目视可见损伤;

(3)随着能量的增加,第一峰值基本不变,阶段 Ⅱ 载荷下降量也基本保持不变,第二个峰值载荷逐渐变高。

当冲击能量高于 23 J 时,如图 6-7 所示。载荷响应规律如下:

(1)冲击载荷-挠度曲线在第Ⅲ阶段中期和第Ⅳ阶段伊始出现了冲击载荷突降的现象,这时可能出现了胶层的破坏;

(2)25 J 时,载荷-挠度曲线第Ⅲ至第Ⅳ阶段的载荷突降现象明显,如图 6-7(a)中载荷下降现象②;

(3)图 6-7(a)中阶段Ⅲ中的 11♯ 试件出现了冲击载荷突降现象①,且存在现象①的 11♯ 试件在现象②处载荷下降更多;

(4)通过对 25 J 和 30 J 冲击后试件的观察,发现胶接尖端有明显开胶,估计现象②是由胶层损伤引起的,同时,25 J 和 30 J 各自的两个试件的载荷突降程度不同,开胶程度亦不同。

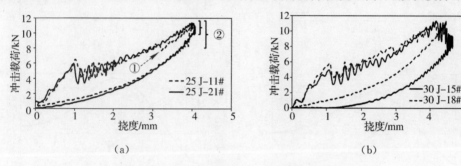

图 6-7　冲击能量高于 23 J 的载荷-挠度曲线

(a)25 J;(b)30 J

下面分析随冲击能量的变化,冲头速度、试件吸收能量与时间的关系。

根据冲击载荷-挠度曲线划分的 4 个阶段,可在速度、吸收能量与时间曲线中标出相应阶段,以 8 J 试验为例,如图 6-8 所示。

随着冲击能量的增大,试件吸收的能量也随之增大,但在 23 J 之后,试件吸收能量不再增加。冲击过程中,吸收能量最大值始终与速度零点同时出现。图 6-9 给出了各冲击能量的速度-时间曲线及吸收能量-时间曲线。

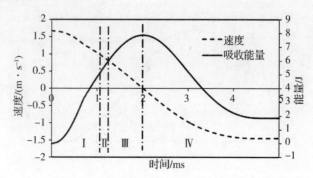

图 6-8　8 J 冲击能量下速度-时间曲线及吸收能量-时间曲线阶段位置

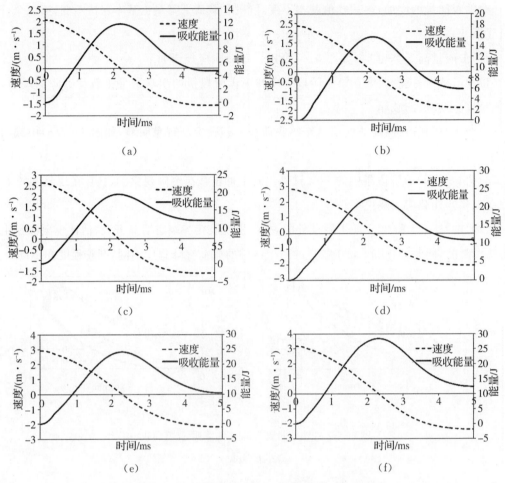

图 6-9　速度-时间曲线及吸收能量-时间曲线

(a)12 J；(b)16 J；(c)20 J；(d)23 J；(e)25 J；(f)30 J

下面给出冲击载荷、挠度与时间的关系，如图 6-10 和 6-11 所示。

首先，随着冲击能量的增大，载荷第二峰值增大，第一峰值基本不变，最大挠度也随之增大。

其次，当冲击能量增大时，最大冲击载荷与最大挠度不在同一时刻出现，冲击载荷较挠度先达到最大值。

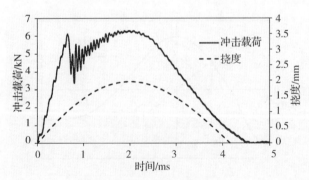

图 6-10　8 J 冲击能量下载荷-时间曲线及挠度-时间曲线

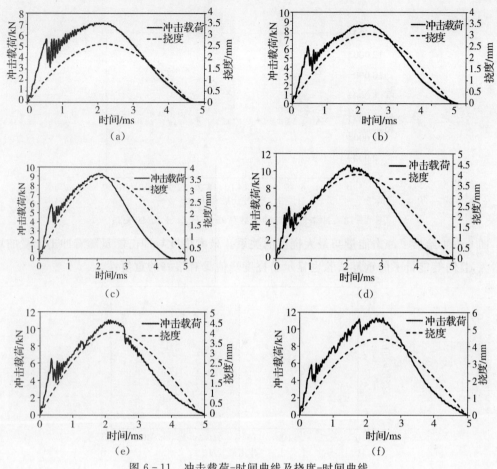

图 6-11　冲击载荷-时间曲线及挠度-时间曲线

(a)12 J；(b)16 J；(c)20 J；(d)33 J；(e)25 J；(f)30 J

综合冲击载荷-时间曲线可以得到直观的示意图，如图 6-12 所示。如前所述，可将冲击载荷按大小分为第一峰值 F_{max1}、最小值 F_{min} 及第二峰值 F_{max2}，将时间对应地划分为 t_1、t_2 和 t_3。

为了得到这两个峰值随冲击能量的变化，给出其与冲击能量的关系，如图 6-13 所示。可知：

1）第一峰值 F_{max1} 基本不随冲击能量变化，在 5 000~6 000 N 之间；

2）第二峰值 F_{max2} 随冲击能量的增大而增大，在 4 000~12 000 N 之间。

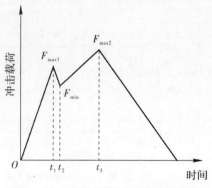

图 6-12　冲击载荷-时间曲线示意图

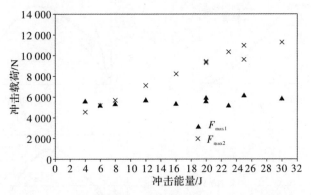

图 6-13 冲击能量与冲击载荷峰值 F_{max1}、F_{max2} 的关系

图 6-14 给出了冲击能量与最大挠度的关系。最大挠度与冲击能量随着冲击能量的增大而增大,且同等能量下的重复试验也显示出挠度峰值具有很好的重复性。

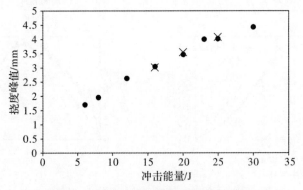

图 6-14 冲击能量与最大挠度的关系

图 6-15 给出不同冲击能量下的冲击接触时间,接触时间在冲击能量为 23 J 以下时呈线性增长,但当冲击能量大于 23 J 时,接触时间增长斜率下降,且接触时间增长缓慢。这可能是因为胶层损伤释放了部分结构应变能。

图 6-16 给出在冲击过程中复合材料斜胶接试件最终吸收能量与冲击能量的关系及其线性回归方程。

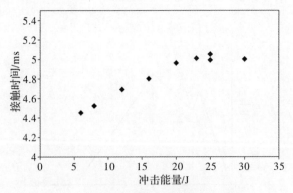

图 6-15 冲击能量与冲击接触时间关系

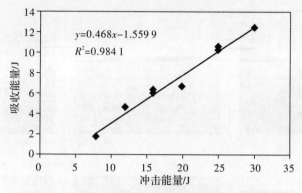

图 6-16　冲击能量与试件最终吸收能量的关系

2. 冲击损伤

（1）目视检测。通过目视检测来研究冲击损伤,检测发现:小能量时,试件表面无明显凹坑,也无开胶现象;当能量增大至 23 J 以上时,凹坑明显,冲击点背部有开胶现象。

图 6-17 给出了 25 J 冲击能量下试件正、反面的目视照片,正面冲头冲击位置有明显凹坑和纤维断裂,反面的尖端出现开胶,45°层基体开裂。

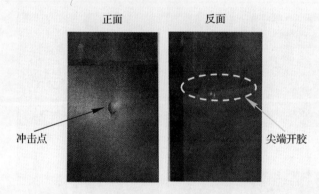

图 6-17　25 J 冲击能量下试件正、反面目视照片

（2）侧面显微细节。通过侧面显微观察研究冲击损伤,发现:小冲击能量时,显微镜观察试件侧面无任何损伤裂纹;当冲击能量大于 23 J 时,试件侧面有明显裂纹,如胶层裂纹、分层裂纹和基体裂纹。这说明,大能量时损伤贯穿试件宽度方向。以 25 J 试样 I 为例,在冲击试验之后,采用光学显微镜进行照相,获取试验件侧面的损伤情况,如图 6-18 所示。图中共有(a)~(o)15个光学显微图片,代表沿胶接线的损伤情况。

1）图 6-18(a)~(e) 五幅图中没有发现损伤;

2）图 6-18(f)~(j) 五个位置出现了 0°层与 90°层分层损伤;

3）图 6-18(k)中除了出现分层损伤外,还出现 90°层尖端基体开裂以及胶层的内聚破坏;

4）图 6-18(l)中只有分层损伤和胶层内聚破坏;

5）图 6-18(m)中有 45°层尖端基体开裂、0°层与 90°层之间分层损伤、0°层与 45°层之间分层损伤以及胶层的内聚破坏;

6）图 6-18(n)中有 45°、90°层末端的基体开裂和胶层的内聚破坏;

7）图 6-18(o)中无任何损伤,对应位置为胶接尖端处。

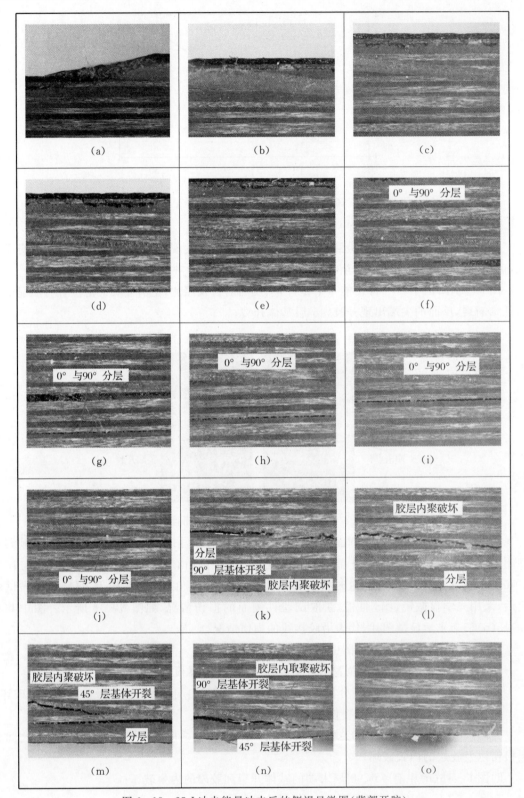

图 6-18　25 J 冲击能量冲击后的侧视显微图(背部开胶)

综上可知,25 J 冲击能量下,沿试件两边进行侧视显微观察,可以发现 0°层与 90°层和 0°层与 45°层分层损伤、90°层和 45°层靠近胶层的三角末端基体损伤、胶层破坏的冲击损伤模式。

(3)中心剖面显微细节。为获取试件内部损伤,通过沿试件中心线切开,再用显微镜观测,获取冲击给结构带来的内部损伤。切割示意如图 6-19 所示,中心线为图中的虚线。

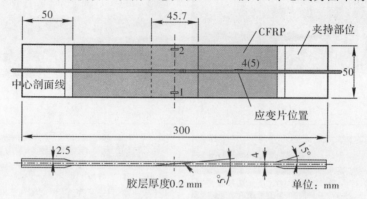

图 6-19　复合材料斜胶接试件切割示意

图 6-20 为试件Ⅱ沿中心线切开后侧视截面的显微照片。25 J 能量冲击时,沿中心线切开发现,试件的损伤有胶层内聚破坏、90°层基体开裂、0°与 90°及 0°与 45°层间破坏。其中,胶层内聚破坏最为明显,开胶由背部尖端起始至第 10 层对接位置终止,占总斜胶接线长度的31%。25 J 能量冲击时,试样Ⅱ沿纵向中心线切开观察所得的断裂模式与试样Ⅰ侧视显微获取的断裂模式一致,进一步说明损伤贯穿试件整个宽度方向。然而,沿中心线切开所观察到的胶层损伤较侧视细节观察得到的胶层损伤多,说明胶层损伤在试件外侧和中间的开胶长度不同。

另外,还对 20 J 及 30 J 能量冲击后沿中心线切面的显微细节进行了研究。冲击能量为20 J 时,中心线切面显微图未观察到胶层破坏,也没有明显的分层裂纹。

冲击能量为 30 J 时,显微损伤如图 6-21 所示。中心线切面显微图有明显胶层损伤及分层裂纹。图 6-22 为 30 J 冲击能量的冲击点正下方的放大图,可见冲击点下方背部外表面发生纤维断裂,冲击正下方内部的基体及胶层塑性变形,由原本的直线变为曲线。

将中心线截面显微损伤图以直观的示意图方式给出,如图 6-23(彩图见彩插)和图 6-24(彩图见彩插)所示。由图可知:

1)胶层损伤方面——25 J 能量冲击时,胶层损伤从背部尖端由下至上到第 10 层复合材料尖端对接处,占总胶接长度的 31%,30 J 能量冲击时胶层较 25 J 开胶多 2 层距离,占总胶接长度的 37.5%(见表 6-1),30 J 能量较 25 J 能量给胶层带来的损伤增加不多;

2)复合材料损伤方面——30 J 冲击能量较 25 J 分层损伤更多,还出现了冲击点背部的纤维断裂,实际复合材料的分层损伤比显微镜观察到的要多许多,显微镜所观察到的只是分层裂纹较宽的,而当分层的两个复合材料铺层之间无塑性变形时,两层是紧贴在一起的,这种紧贴型分层裂纹无法通过显微镜观察到。

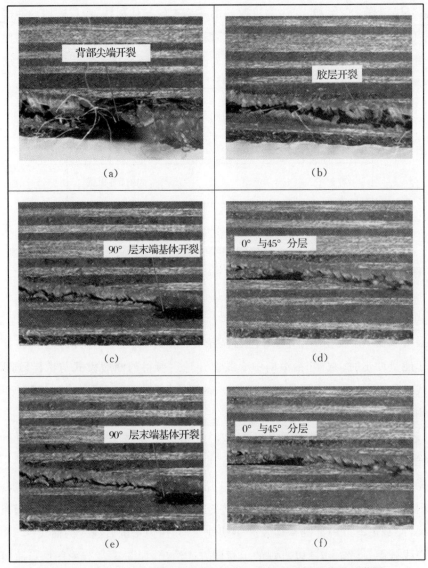

图 6-20 25 J 冲击能量时试样 Ⅱ 沿中心线切开后侧视截面显微图

(4)超声 C 扫描损伤。通常,复合材料的低速冲击损伤主要由损伤面积衡量,为了研究斜胶接复合材料的冲击损伤阻抗,试验采用超声 C 扫描得到损伤面积。

表 6-1 冲击能量与胶层损伤

冲击能量/J	胶层损伤(占总胶接长度百分比)/(%)	TAI下降/(%)	损伤部位
20	0	0	无
25	31	20~30	背部尖端至第10层
30	37.5	30~40	背部尖端至第12层

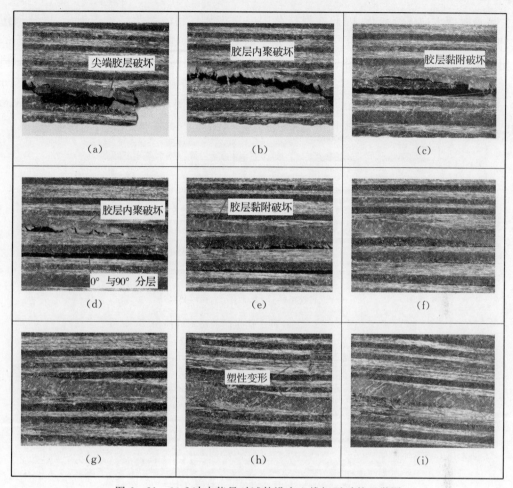

图 6-21　30 J 冲击能量时试件沿中心线切开后的显微图

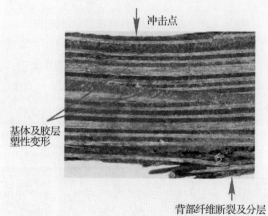

图 6-22　30 J 冲击能量时冲击点正下方放大图

图 6-25(彩图见彩插)给出了 8～25 J 各冲击水平下超声 C 扫描云图。图 6-25(a)为 8 J 冲击能量下试样的 C 扫描图,损伤尺寸约为 34 mm×30 mm,接近圆形,右侧标尺由红色、黄色、绿色、蓝色渐变来表示超声波在试样内第一个断裂面所在的深度位置,变化范围为 0～4 mm。由图可知,正面所扫描到的损伤大都处于 2 mm 以内,即在厚度上半部分。由于胶层所

处位置沿厚度方向连续变化,因此在损伤范围内很难观察到内部胶层是否损伤,以及损伤尺寸、形貌等。图 6-25(b)给出 12 J 冲击能量下的 C 扫描图,损伤尺寸约为 57 mm×42 mm,长宽比增大,不再呈圆形形状。图 6-25(c)为 16 J 损伤图,损伤尺寸约为 62 mm×44 mm,损伤尺寸的长宽比继续增大。图 6-25(d)为 20 J 冲击能量下的损伤情况,损伤尺寸约为 63 mm×44 mm,形貌近矩形。图 6-25(e)为 25 J 冲击能量下的的损伤图,损伤尺寸约为 64 mm×50 mm,损伤已经贯穿试件整个宽度方向,损伤形貌为矩形。

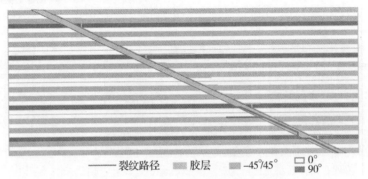

图 6-23　25 J 冲击能量时胶层附近损伤

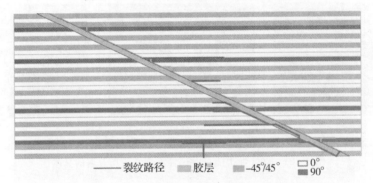

图 6-24　30 J 冲击能量时胶层附近损伤

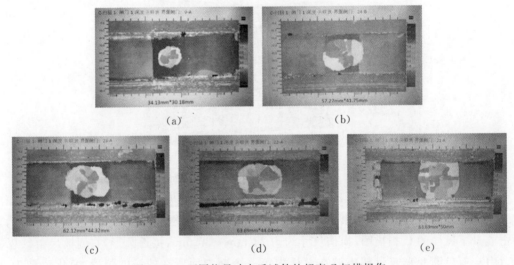

(a)　　　　　　　　　　　　(b)

(c)　　　　　　(d)　　　　　　(e)

图 6-25　不同能量冲击后试件的超声 C 扫描损伤

(a)8 J;(b)12 J;(c)16 J;(d)20 J;(e)25 J

图 6-26 给出了冲击损伤面积、损伤尺寸随冲击能量变化的关系。复合材料斜胶接结构的损伤面积随冲击能量呈非线性变化,用最小二乘法拟合成二次多项式表示。损伤长度随冲击能量的增大而增大,损伤宽度随冲击能量呈明显的非线性变化,均采用二次多项式来拟合。20 J 以内损伤面积和损伤尺寸随冲击能量基本呈线性变化。

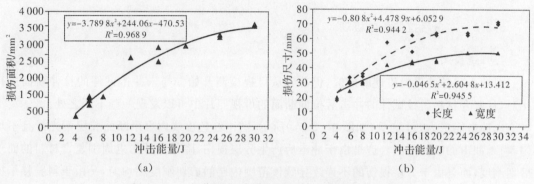

图 6-26　损伤面积、损伤尺寸随冲击能量变化的关系
(a)损伤面积与冲击能量的关系;(b)损伤尺寸与冲击能量的关系

6.2　复合材料胶接修理结构低速冲击后承载能力及失效机理

复合材料结构损伤后可以对其进行修补,修补后的结构在飞机的服役过程中仍会面临相同的冲击问题,如冰雹、跑道砂石、工具跌落等低速冲击源会对修理后的结构产生损伤,从而影响其结构完整性。这里继续考察修后结构的冲击后剩余承载能力以及失效机理,对复合材料胶接修补结构设计有一定参考意义。

冲击后拉伸试验仍选用 200 kN 量程范围的 CRIMS 静态试验机。试验拉伸速度为 1 mm/min。

6.2.1　冲击后拉伸承载能力

为研究斜胶接复合材料层合结构的冲击损伤容限,分别对各冲击能量下的试件进行静态拉伸测试,得到 TAI 载荷与冲击能量的关系,如图 6-27 所示。

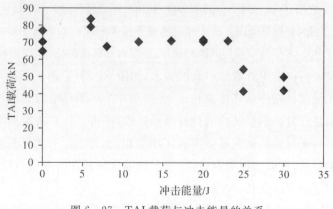

图 6-27　TAI 载荷与冲击能量的关系

冲击能量在 23 J 以内时,复合材料斜胶接结构的冲击后拉伸承载能力较无冲击的试样无明显降低,当能量增大至 25 J 时,TAI 承载能力下降明显,增大至 30 J 时下降更加明显。这说明冲击能量在 25 J 附近为本文研究的复合材料斜胶接试件冲击损伤的临界能量值,冲击能量大于等于 25 J 时,试件的胶层将产生明显损伤,导致试件的 TAI 承载能力显著降低。

6.2.2 冲击后拉伸失效机理

1. 目视检测

对冲击后拉伸失效机理的研究,仍首先从目视检测开始。与未冲击试件的拉伸断面进行比对,从复合材料斜接试件的冲击后拉伸断面的可视照片中可以发现一些不同之处。

以冲击能量为 8 J 为例,如图 6 - 28(a) 所示,图中红色虚线内显示断面胶层不光滑且不均匀,与未冲击的断面不同。这是由于冲击后产生分层损伤,降低了冲击点周围复合材料的面外剪切刚度,而且由于分层损伤的不连续导致该范围内层间剪切刚度不均匀,又由于斜胶接结构主要以面外剪切形式来传递面内拉伸载荷,因此出现这种胶接面受剪不均匀的断面。其他更大能量的胶接断面也能观察到类似现象。图 6 - 28(b) 为 20 J 能量冲击后的拉伸断面,图 6 - 28(c) 为 25 J 能量冲击后的拉伸断面。图 6 - 28 彩图见彩插。

（a）　　　　　　　　　（b）　　　　　　　　　（c）

图 6 - 28　不同能量冲击后试件的拉伸断面

(a)8 J 冲击能量;(b)20 J 冲击能量;(c)25 J 冲击能量

2. 侧视显微细节

冲击并拉伸破坏之后,将试件两个分离部分合并,再从侧面进行显微细节研究。图 6 - 29 为 25 J 能量冲击并拉伸破坏之后的侧视显微图。25 J 冲击能量下拉伸断面有如下破坏形式:复合材料-胶界面黏附破坏、90°层与 0°层及 45°层与 0°层层间断裂破坏、胶层内部黏聚破坏、90°层内基体开裂。

将图 6 - 29 发现的损伤用直观的示意图表示,如图 6 - 30(彩图见彩插)所示。

与未冲击的无损试件拉伸破坏模式相比,大能量冲击后使得结构分层且出现胶层损伤,与未冲击的完整无损复合材料斜接结构的拉伸断面比较,冲击后拉伸断面基本相同,都为胶层的剪切破坏。与冲击后未拉伸的侧视显微图破坏细节相比,冲击后拉伸的层间裂纹较冲击后含有的层间裂纹长度更长,开裂程度更高,这说明斜接复合材料冲击后进行拉伸的过程会使冲击后复合材料出现的层间裂纹变长、变宽。

各冲击能量下试件冲击后拉伸承载能力相对无冲击试样下降的百分比如图 6 - 31 所示。

将冲击后试样的 TAI 承载能力对应冲击损伤后的侧视显微细节进行研究,发现 TAI 承载能力与开胶损伤程度密切相关。

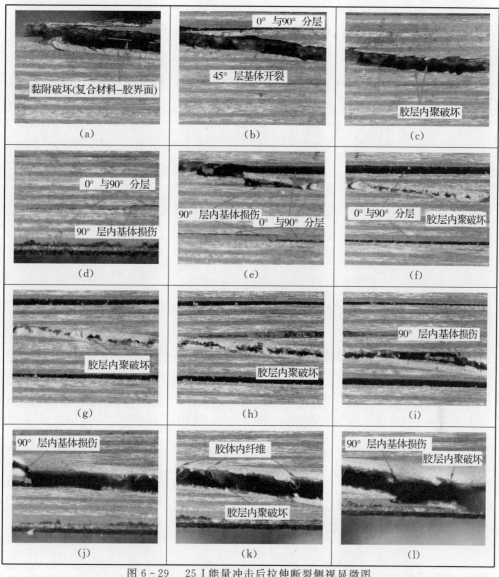

图 6-29　25 J 能量冲击后拉伸断裂侧视显微图

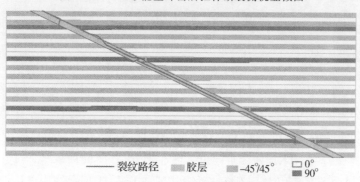

图 6-30　25 J 能量冲击后拉伸断裂侧视示意图

(1)25 J 能量冲击时,两个试件的 TAI 承载能力分别下降了 23%、41%;30 J 能量冲击时,两个试样的 TAI 承载能力分别下降 29% 和 40%;而增补的 25 J 及 30 J 能量冲击后的沿中心线切开的试件的胶层损伤分别为 31% 和 37.5%,与其相应承载能力下降量相当。

(2)冲击能量小于 23 J,复合材料斜胶接结构冲击后无胶层损伤,这时冲击后试样的 TAI 承载能力无明显降低。

这些充分说明了冲击后复合材料斜胶接结构的 TAI 承载能力与胶层损伤的程度直接相关。

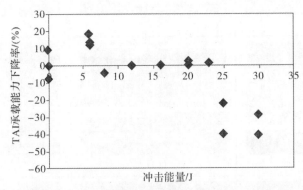

图 6 - 31　TAI 承载能力下降率与冲击能量的关系

6.3　复合材料胶接修理结构低速冲击位置敏感性

为了研究胶接区域冲击位置的变化对结构的损伤面积、冲击载荷及挠度的影响,在胶接区域沿长度方向(x 向)布置了 5 个典型位置,如图 6 - 32 所示。试验在 A、C、D、E 点 4 个位置进行。

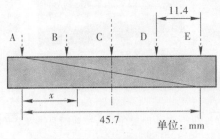

图 6 - 32　冲击位置布置示意

6.3.1　小能量冲击

对于冲击位置敏感性研究,分大能量冲击和小能量冲击,大能量冲击考察胶层产生损伤时的位置敏感性,小能量冲击考察只有复合材料损伤时的位置敏感性。对于小能量冲击(6~23 J),我们选用 6 J 冲击能量进行冲击位置敏感性研究。

6 J 能量下,冲击 A、C、D、E 四个不同位置的冲击载荷-时间曲线如图 6 - 33(a)所示。由于做这一组试验时载荷采集用的是落锤试件默认的滤波模式,因此图中载荷没有抖动现象,但曲线斜率、峰值都没有影响。由图可知：

(1)冲击载荷第一峰值 F_{max1} 在 A 冲击点时最大,随着冲击位置由 A 向 E 移动,F_{max1} 随之减小,且 C、D、E 三个冲击位置 F_{max1} 变化不大,t_1 逐渐减小;

(2)冲击载荷较小时 F_{min} 随冲击位置的变化规律与 F_{max1} 基本一致;

(3)冲击载荷第二峰值 F_{max2} 随冲击位置由 A 向 E 变化而降低。

不同冲击位置的损伤面积如图 6-33(b)所示,A 冲击点的损伤面积最小,其次是 E 点,C、D 两点的冲击损伤面积相当。由此可见,A 冲击位置复合材料斜胶接结构的冲击阻抗最大,弯曲刚度也最大,E 点处最小,但 C、D、E 三个冲击位置的弯曲刚度及冲击阻抗相差不大。因此,从该斜胶接复合材料结构的弯曲刚度和损伤面积观察,在 C、D、E 三个冲击位置上研究其损伤阻抗、损伤容限等问题均可代表最坏的情形。图 6-33 的彩图见彩插。

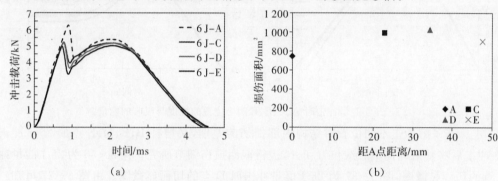

(a)　　　　　　　　　　　　　(b)

图 6-33　复合材料斜胶接试件不同位置冲击载荷及冲击损伤面积

(a)冲击载荷 ;(b)损伤面积

6.3.2　大能量冲击

大能量冲击(23 J 以上)时胶层在冲击过程中有明显损伤。

图 6-34(彩图见彩插)给出 A、C、D、E 四个位置在 25 J 冲击能量下的冲击载荷-时间曲线,其中图 6-34(b)(c)为冲击载荷第一峰值、第二峰值的放大图。图 6-35(彩图见彩插)给出挠度-时间曲线及结构吸收能量的变化情况。

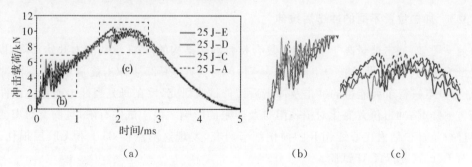

(a)　　　　　　　　　　(b)　　　　　(c)

图 6-34　25 J 能量冲击时 A、C、D、E 四个位置的冲击载荷

(a)冲击载荷-时间曲线;(b)载荷第 1 峰值放大图;(c)载荷第 2 峰值放大图.

由图 6-34 和图 6-35 可知:

（1）A 点与 E 点的冲击载荷峰值相当，较 C 点和 D 点的冲击载荷峰值略大，由此可以判断 A 点和 E 点的冲击阻抗高于 C 点与 D 点，而且冲击载荷第一峰值、第二峰值在不同冲击位置的大小无明显差异。

（2）这 4 个冲击点下的挠度峰值相等，因此挠度无法反映冲击阻抗的差异，A 点和 E 点吸收能量低于 C 点和 D 点，这表明 C 点和 D 点受冲击时吸收了较 A 点和 E 点更多的能量，即结构损伤更多。

（3）另外，通过 A 点扫描测得 25 J 能量冲击下不同位置时，其损伤面积与 23 J 能量冲击的损伤尺寸相同，无明显差别，长度尺寸为 63 mm，宽度尺寸都为试件宽度 50 mm。

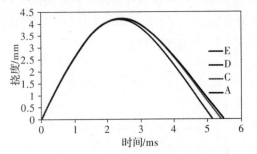 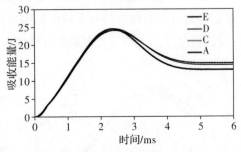

图 6-35　25 J 能量冲击时 A、C、D、E 四个位置的挠度与吸收的能量

为了进一步了解冲击不同位置时结构内部损伤的差别，又增补 B、C、D、E 点的 25 J 冲击试验，在冲击后将其沿纵向中心线位置切开，进行截面损伤细节研究。图 6-36 为 25 J 能量冲击时 C 点的切面显微图，图 6-37 为 25 J 能量冲击时 D 点的切面显微图。由图 6-37 可知：

（1）冲击不同位置，大能量冲击 C 点和 D 点时的结构损伤较为严重，与小能量冲击响应是一致的；

（2）C 点和 D 点的损伤模式相同，有胶层破坏、复合材料分层损伤和基体损伤；

（3）C 点较 D 点的胶层损伤更多，这说明中心点 C 的冲击敏感性最高。

根据图 6-36 及图 6-37 可绘制直观的 25 J 能量冲击时 C、D 两个冲击点沿中心线切开的断裂路径示意，分别如图 6-38 及图 6-39（彩图见彩插）所示。由图可知，C 点较 D 点胶层损伤程度大，C 点位置的胶层损伤占胶接线长度的 31%，D 点位置仅占 9.4%。因此，5 个冲击位置中，C 点的冲击阻抗值最小，冲击敏感性最高，冲击损伤容限最低。

6.3.3　冲击位置不同的冲击后拉伸

由前文可知，冲击能量高于 23 J 时，复合材料斜接结构的 TAI 承载能力开始下降，以 25 J 冲击能量为例，其 TAI 承载能力下降 20%～40%。为此，在 25 J 冲击能量下，对不同冲击位置 A 点及 D 点进行了大能量的冲击及冲击后拉伸试验研究，旨在研究当冲击能量使试件 TAI 承载能力下降时，冲击位置变化对损伤阻抗及容限的影响。由于试件有限，且前文对 B 点和 E 点已经进行了冲击后沿中心线切开的损伤细节研究，发现这两点在 25 J 下无胶层损伤，因此这里不对 B、E 点进行 TAI 试验。

图 6-40 为 25 J 冲击能量下冲击点 A、C、D 的冲击后 TAI 承载能力，其中虚线为无损试件拉伸承载能力（69.9 kN）。A 点的冲后拉伸承载能力最高为 70.2 kN，C 点（54.95 kN、42 kN）和 D 点（62.6 kN、40.95 kN）冲击后拉伸承载能力相差不大。由于不同冲击位置抵抗

冲击损伤的能力不同,其 TAI 承载能力也不同。由此可以判断:对于复合材料斜胶接结构,冲击损伤容限较低的区域应为 C-D 区域,因此只需要关注 C-D 敏感区域即可。

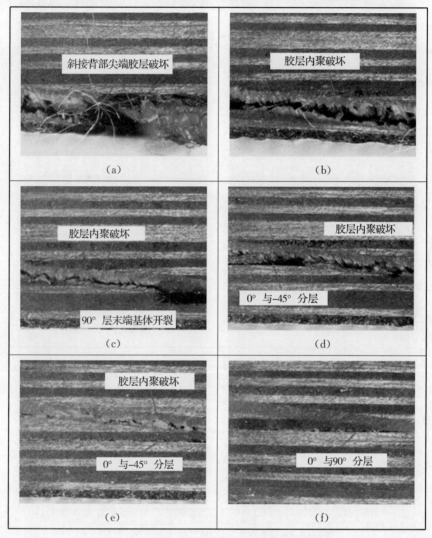

图 6-36　25 J 能量冲击时 C 点的切面显微图

还可以将不同位置冲击后拉伸承载能力与沿试验件中心线切开截面的胶层损伤程度进行联系:

(1)TAI 承载能力结果和开胶程度均显示中心点冲击敏感性最高;

(2)中心点 C 冲击后的 TAI 承载能力分别下降 21.5% 和 40%,沿试件中心线切开截面的胶层损伤程度为 31%;

(3)D 点冲击后 TAI 承载能力分别下降 10.6% 和 41.5%,沿试件中心线切面发现的胶层损伤程度为 9.4%。

因此,对于不同位置冲击,TAI 承载能力下降程度与胶层损伤程度均呈现相同规律,再次说明复合材料斜胶接结构的开胶程度决定其后续的剩余承载能力,胶层损伤为大能量的主要破坏模式。

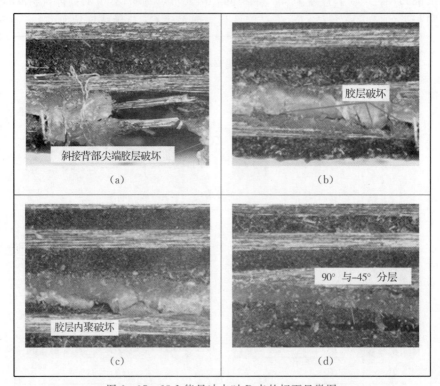

图 6-37　25 J 能量冲击时 D 点的切面显微图

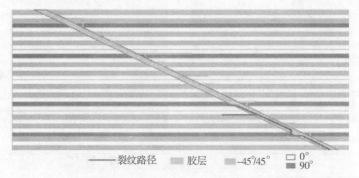

图 6-38　25 J 冲击能量下 C 点冲击后沿中心线切开观察到的断裂路径示意

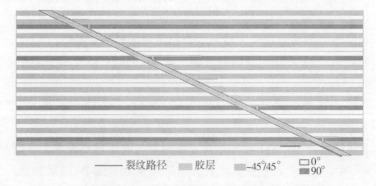

图 6-39　25 J 冲击能量下 D 点冲击后沿中心线切开观察到的断裂路径示意

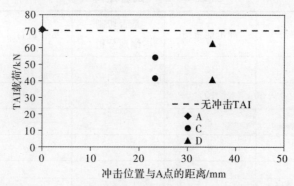

图 6-40　25 J 冲击能量下冲击位置与 TAI 承载能力的关系

6.4　复合材料阶梯胶接修理结构冲击损伤及剩余强度

6.4.1　问题描述

复合材料高效传力修理的另一种形式为阶梯式胶接修理,本节主要介绍该类结构的简化结构阶梯胶接结构的冲击损伤及剩余强度问题。试件所采取的阶梯式胶接结构的铺层顺序为 $[45/0/-45/90/0]_{3S}$,尺寸为 250 mm×12.5 mm×6 mm,共由 10 阶组成。每三层铺层胶接为一阶,每一阶的黏合区域总长度为 10 mm,厚度为 0.6 mm。其胶层厚度为 0.15 mm,胶接材料为 LOCTITE-EA-120HP 高黏度工业级环氧黏合剂(汉高乐泰有限公司),复合材料为碳纤维 T300 系列单向带(日本东丽公司),基体材料为 69 号环氧树脂(中国台湾裕博化学股份有限公司)。其中取碳纤维密度为 1.8 g/cm³,标准树脂密度为 1.15 g/cm³,碳纤维的质量分数为60%~70%。试件的结构如图 6-41 所示。试件制备步骤:首先,多阶胶接结构采用铝制阶梯模具制作成型;其次,将预浸料裁剪成不同的长度,并按顺序放入模具中;再次,将预浸料和模具一起放入热压罐中并固化;之后,将黏合剂均匀地涂刷在台阶表面,并将两种复合胶接材料合并,同时保证在环境温度下一起压缩至少48 h;最后,将整体复合材料胶接结构切割成 250 mm×12.5 mm×6 mm 的试件。制备工艺如图 5-21 所示。

针对不同冲击能量,规划了是否冲击、冲击能量大小、冲击后是否切割观察横截面细观损伤以及冲击后是否拉伸 4 项试验验证项目,共计 22 件,如表 6-2 所示。冲击试验设备同上节,冲击示意如图 6-42 所示。

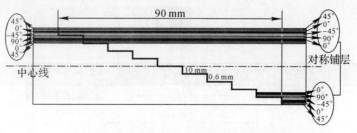

图 6-41　复合材料阶梯胶接修理的结构示意

表 6 - 2　试验矩阵

序　号	是否冲击	冲击能量/J	是否切割细观分析	是否进行 TAI	是否纯拉伸
01	√	10	√		
02	√	10		√	
03	√	8		√	
04	√	8		√	
05	√	6		√	
06	√	6		√	
07	√	6	√		
08	√	5			
09	√	5		√	
10	√	5		√	
11	√	4		√	
12	√	5	√		
13	√	4		√	
14	√	3			
15	√	4	√		
16	√	8	√		
17	√	6	√		
18	√	0			√
19	√	0			√
20	√	0			√
21	√	0			√
22	√	0			√

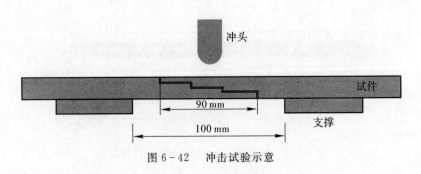

图 6 - 42　冲击试验示意

6.4.2　试验结果及分析讨论

冲击试验可测量到冲击响应,包括冲击载荷、冲击能量、冲击挠度和冲击速度,如图 6-43~图 6-46 所示。冲击载荷有明显的载荷降现象,冲击能量 4 J 以上开始出现。

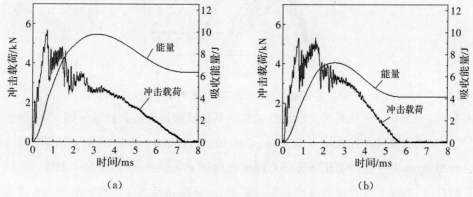

图 6-43　冲击载荷、吸收能量与时间的关系曲线(10J-01、8J-03)

(a)10 J,试件 01;(b)8 J,试件 03

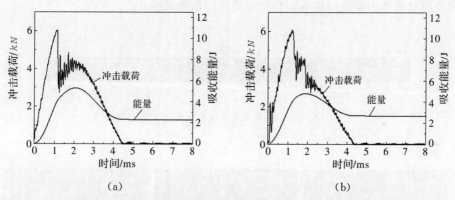

图 6-44　冲击载荷、吸收能量与时间的关系曲线(6 J-05、5 J-08)

(a)6 J,试件 05;(b)5 J,试件 08

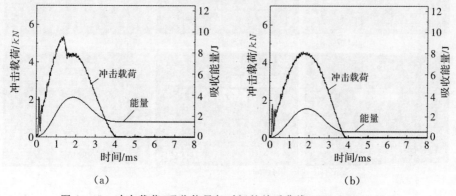

图 6-45　冲击载荷、吸收能量与时间的关系曲线(4 J-15、3 J-14)

(a)4 J,试件 15;(b)3 J,试件 14

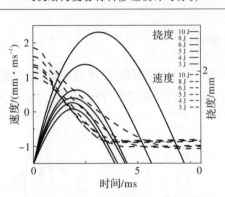

图 6-46　各能量水平下冲击速度、挠度与时间的关系曲线

图 6-47～图 6-49 是利用光学显微镜观察到的胶接截面的损伤裂纹图,深入分析破坏形式,将可观测到的裂纹进行总结并以几何示意图的形式展示。冲击能量 4 J 以上时可观测到较为明显的裂纹,发生在冲头正下方偏右厚度方向靠下的位置,具体在第 4 和第 5 台阶处。随着能量的升级,裂纹并没有向靠近冲头位置扩展,而是沿相反方向扩展至第 3 个台阶处。部分试件进行了冲击后 TAI 承载能力测试,剩余拉伸承载能力与冲击能量的关系如图 6-50 所示,可发现明显的冲击能量门槛为 4 J,这与损伤门槛相对应。

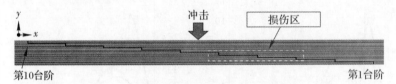

图 6-47　整体视角下胶接区域的破坏区域

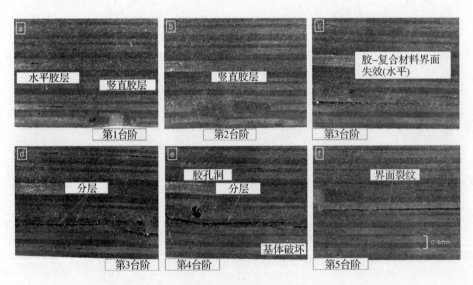

图 6-48　10 J 冲击能量下试件 01 的截面破坏显微图

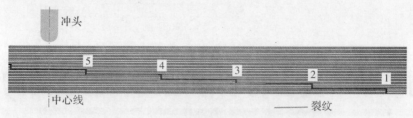

图 6 - 49   10 J 冲击能量下试件 01 的裂纹情况

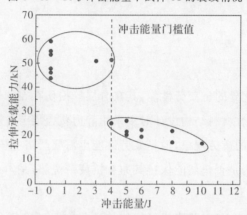

图 6 - 50   不同冲击能量水平下的剩余拉伸承载能力及门槛值

参 考 文 献

[1]   谢鸣九. 复合材料连接[M]. 上海:上海交通大学出版社,2011.

[2]   陈绍杰. 复合材料技术发展及其对我国航空工业的挑战[J]. 高科技纤维与应用,2010,35(1):2 - 7.

[3]   耿甦,崔旭. 复合材料修理技术研究[J]. 沈阳航空工业学院学报,2002,22(4):1 - 10.

[4]   耿甦. 复合材料修理技术研究进展综述[J]. 沈阳航空工业学院学报,2002,22(4):11 - 22.

[5]   徐绯,刘斌,李文英,等. 复合材料修理技术研究进展[J]. 玻璃钢/复合材料,2014(8):105 - 112.

[6]   KATNAM K B, DASIVA L F M, YOUNG T M. Bonded repair of composite aircraft structures:A review of scientific challenges and opportunities[J]. Progress in Aerospace Sciences,2013,61:26 - 42.

[7]   LIU B, HAN Q, ZHONG X P, et al. The impact damage and residual load capacity of composite stepped bonding repairs and joints[J]. Composites (Part B),2019,158:339 - 351.

[8]   LIU B, XU F, ZHONG X P, et al. Study on impact damage mechanisms and TAI capacity for the composite scarf repair of the primary load - bearing level[J]. Composite Structure,2017,181:183 - 193.

第 7 章　复合材料修理结构的疲劳问题

　　复合材料结构具有优异的抗疲劳性能,其在分层等损伤存在的情况下,仍具有较强的抗疲劳能力。一般而言,在复合材料结构设计时多采用静力覆盖疲劳方法。该方法比较保守,使用应变较低,不会出现明显的疲劳现象,但是疲劳性能也需要严格考核。复合材料损伤后进行机械连接或胶接等修补结构是否仍然能保持其原有抗疲劳优势,是本章所关注的问题,需要全面地进行验证和分析。

　　纤维增强聚合物基复合材料是飞机结构的首选材料。随着复合材料的大量使用,对零件的表面连接和损伤修复提出了更高的要求,胶接技术已成为飞机结构修复和连接的主流技术之一。与传统的机械紧固技术相比,胶接方式具有降低结构质量、减小应力集中和保证结构完整等显著优点。复合材料在飞机结构中的大量应用不可避免地需要通过胶接进行修补和连接。美国联邦航空管理局认为关键结构的胶接修复是潜在的安全威胁,因此,为保证修复后结构有足够的剩余强度,对胶接修复尺寸进行了最大限制。在飞机服役连续工作中,循环荷载(或疲劳载荷)是否会引起附加损伤,损伤是如何发生和扩展,以及寿命如何,这些问题尚不明晰,从而限制了胶接连接和修复技术的进一步应用。Abdel Wahab 根据 1975—2011 年之间胶接接头的疲劳研究情况指出:疲劳损伤起始和扩展阶段之间的区别仍有争议。Olajide 的研究表明,有效和稳健的设计方法应考虑连接结构内损伤起始和扩展不同阶段的作用机制。目前对单/双搭接接头的疲劳研究较多,而斜接式胶接结构的研究也在逐渐深入,用以区分疲劳损伤起始和扩展阶段。Zhang 试验研究了循环拉伸载荷下的胶接接头,包括双搭接和阶梯式搭接,发现阶梯式搭接的临界伸长率与载荷水平无关,而 Zhang 设计的复合材料胶接结构只有两层,其修理材料是玻璃钢。Rudawska 研究了电泳涂层和粉末涂料对 ENAW-5754 铝合金胶接接头强度和失效模式的影响。Abdel Wahab 分析了一般三维斜胶接接头的损伤参数。Albedah 分析了铝合金 7075-T6 板在常幅和阶梯式变幅载荷下 V 型缺口裂纹的疲劳行为。Chowdhury 对之前的研究进行了扩展,并重点分析了更复杂的厚板搭接接头的修复性能。郭霞等人研究了搭接长度和胶层厚度对单搭接接头失效模式的影响。李波等人研究了复合材料与金属胶接结构的次弯曲效应对胶接结构强度的影响。

7.1 复合材料修理金属

7.1.1 金属筒壳结构复合材料修理结构

工业中用量最多的材料应属金属材料,金属材料的损伤常常使用机械连接或焊接等方法进行修理。在油气等行业中,成千上万公里的输油输气管道在自然环境中承受着地质灾害、环境腐蚀、人为破坏等,作用到管道结构中往往是机械载荷、热、腐蚀等综合的静力或动态载荷,使用复合材料进行胶接修理在国外已经有较多的案例,也已应用到工程之中,图 7-1 所示为输油金属管道的复合材料胶接修理案例。

图 7-1 国外将复合材料胶接修理技术成功应用于输油管道工程

韩国 Kim 等对损伤圆筒钢材料输气管道结构进行了复合材料胶接修理,并进行了修后疲劳寿命以及剩余刚度的试验研究。图 7-2 为损伤钢管复合材料修理结构示意。该修补结构的复合材料为玻璃纤维树脂基复合材料,并使用牌号为 MA440 的甲基丙烯酸酯胶进行粘接固化。

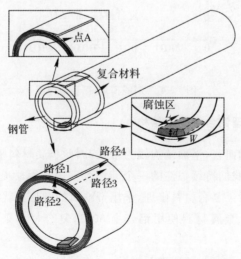

图 7-2 损伤钢管复合材料修理结构示意

针对圆周或轴向出现裂纹的情况,进行复合材料胶接贴补修理,归根结底就是一个双面搭接问题,胶层承剪进行传力。因此,可将其简化为双搭接问题,并进行平板试验,如图 7-3 所示。

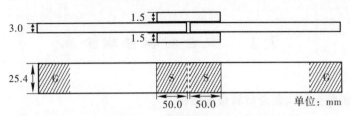

图 7-3　金属-复合材料双搭接简化试验件示意图

对上述简化后的试件进行拉伸疲劳试验,应力比为 0.5,最大应力为 4.5 MPa,进行了 3 种应力幅值下的疲劳试验,得到了不同剪应力幅值下的割线模量(G)-循环数(W)曲线,如图 7-4 所示。割线模量反映了结构件刚度的退化程度。

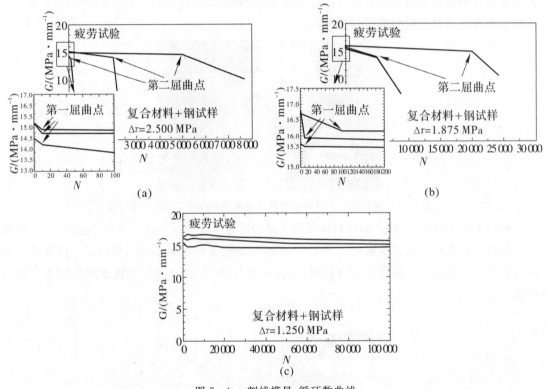

图 7-4　割线模量-循环数曲线

7.1.2　复合材料修理铝合金平板结构

对于大多数金属结构而言,平面结构较为常见,因此金属材料平板结构被复合材料修理后的疲劳行为如何,是需要我们持续关注的一个问题。美国海军学院 Schubbe 等对受腐蚀环境损伤后的铝合金材料进行了复合材料修理,采用带缺口的圆形孔代替损伤部位,并进行了疲劳载荷下的裂纹扩展研究。金属材料使用铝合金 6061,复合材料采用硼纤维多层由小到大铺贴,如图 7-5 所示。

首先,对金属表面进行处理,随后进行铺贴,再将铺贴好的构件放入热压罐进行固化。成型后对结构进行切割,得到试件成品,如图 7-6 所示。

疲劳试验测得铝合金 5083 和 7075 的裂纹长度、裂纹扩展速率与疲劳载荷循环数的曲线图,如

图 7-7(彩图见彩插)所示。复合材料修理铝合金的疲劳断口宏观形貌如图 7-8 所示。

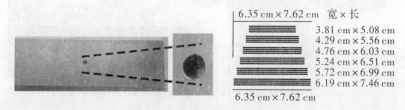

图 7-5　硼纤维修理金属结构

图 7-6　修理结构进热压罐固化以及试件成品

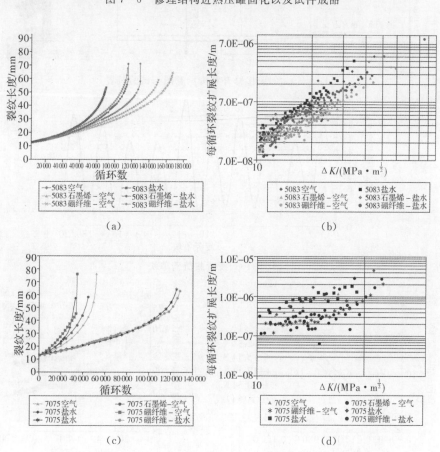

(a)　　　　　　　　　　　　(b)

(c)　　　　　　　　　　　　(d)

图 7-7　硼纤维复合材料修理 5083 和 7075 铝合金结构的裂纹长度、

裂纹扩展速率与疲劳载荷循环数的曲线

(a)5083,裂纹长度;(b)5083,裂纹扩展速率;(c)7075,裂纹;(d)7075,裂纹扩展速率

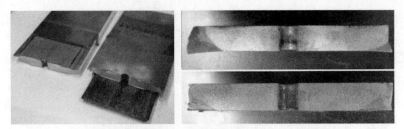

图 7-8　复合材料修理铝合金的疲劳断口宏观形貌

7.2　复合材料斜胶接修补结构

针对斜胶接修补结构的疲劳问题,Olajide 进行了疲劳试验,结构示意图、夹持与测试试验装置如图 7-9 所示。考虑了载荷谱,载荷谱单块如图 7-10 所示。试验不但测得了轴向载荷

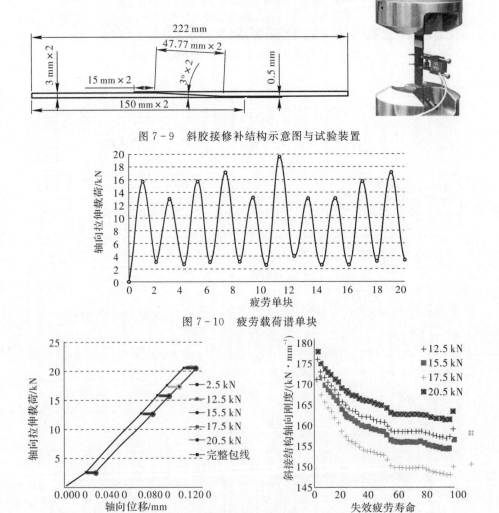

图 7-9　斜胶接修补结构示意图与试验装置

图 7-10　疲劳载荷谱单块

（a）　　　　　　　　　　　　（b）

图 7-11　疲劳载荷-位移曲线以及刚度折减曲线

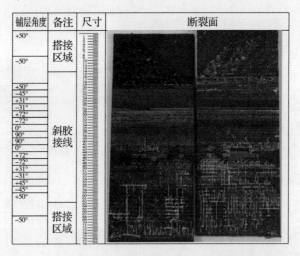

图 7 - 12　典型斜胶接疲劳断面

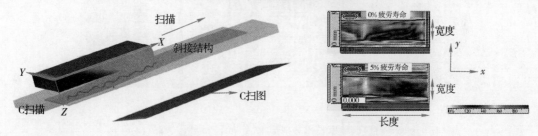

图 7 - 13　超声波 C 扫描示意图及不同循环数的结构损伤云图

与轴向位移的关系,还可以发现较明显的迟滞回线,同时依据载荷-位移曲线线性段斜率的变化可计算出胶接结构刚度折减的变化规律呈非线性,如图 7 - 11 所示。典型斜胶接疲劳断裂面如图 7 - 12 所示。图 7 - 13 给出的是疲劳试验过程中通过超声波 C 扫描的结构损伤云图。

7.3　复合材料双斜胶接修补结构

Yoo 等人针对复合材料双斜胶接修补结构的疲劳问题作了一些试验研究。双斜接修补结构具有无次弯效应的优点,同时在此结构上增加了一层外加层盖板,较真实地模拟了真实修理结构的截面形式。图 7 - 14 为双斜接胶接修理结构几何与材料信息。双斜接复合材料胶接修理结构试件的制备过程与截面效果如图 7 - 15 所示,不同厚度长度比(简称"厚长比")的斜接角度被加工出来,包括 1/5、1/10、1/20、1/30。图 7 - 16 给出了 1/20、1/30 厚长比的疲劳断口分析图。双斜接修理结构的最大载荷-失效循环数试验曲线如图 7 - 17 所示,由试验结果可以看出百万次寿命的疲劳载荷在 $10 \sim 20$ kN 之间。

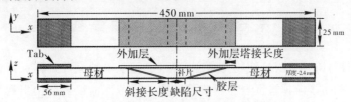

图 7 - 14　双斜接胶接修理结构几何与材料信息

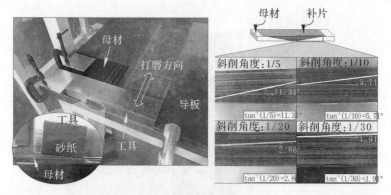

图 7-15　双斜接复合材料胶接修理结构试件的制备过程与截面

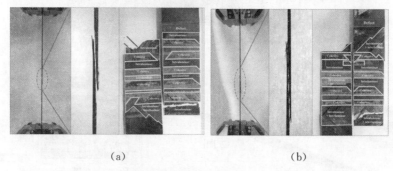

（a）　　　　　　　　　　　　　（b）

图 7-16　斜接区域厚长比分别为 1/20 和 1/30 的疲劳断口分析图

（a）厚长比为 1/20；（b）厚长比为 1/30

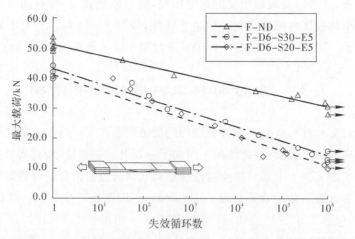

图 7-17　双斜接修理结构的最大载荷-失效循环数试验曲线

7.4　复合材料阶梯胶接修补结构

　　本节以复合材料阶梯式胶接结构为研究对象，进行了单轴循环拉伸载荷作用下的疲劳试验，通过试验初步确定了阶梯式复合材料胶接结构的疲劳寿命以及结构出现目视可见裂纹时试样的剩余寿命，并根据试样侧面及断面的断裂形貌分析了该类结构的疲劳失效机理。

7.4.1　试验材料和试样制备

试样铺层顺序为 $[45/0/-45/90/0]_{3S}$，尺寸为 250 mm×12.5 mm×6 mm，共由 10 阶组成。每三层铺层胶接为一阶，每一阶的黏合区域总长度为 10 mm，厚度为 0.6 mm。其胶层厚度为 0.15 mm，胶接材料为 LOCTITE-EA-120HP 高黏度工业级环氧黏合剂（汉高乐泰有限公司），复合材料为碳纤维 T300 系列单向带（日本东丽公司），基体材料为 69 号环氧树脂（中国台湾裕博化学股份有限公司）。其中取碳纤维密度为 1.8 g/cm³，标准树脂密度为 1.15 g/cm³，碳纤维的质量分数为 60%～70%。试件的几何形状示意如图 7-18 所示。

试件制备步骤：首先，多阶胶接结构采用铝制阶梯模具制作成型；其次，将预浸料裁剪成不同的长度，并按顺序放入模具中；再次，将预浸料和模具一起放入热压罐中并固化；之后，将黏合剂均匀地涂刷在台阶表面并将两种复合胶接材料合并，同时保证在环境温度下一起压缩至少 48 h；最后，将整体复合材料胶接结构切割成 250 mm×12.5 mm×6 mm 的试件。试件制备流程如图 5-21 所示。

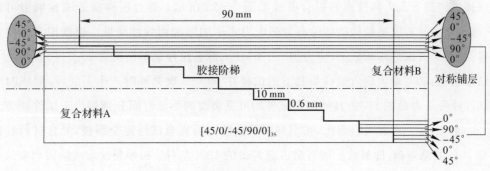

图 7-18　试件的几何形状示意

图 7-19 是对试件施加拉伸疲劳载荷的试验装置。试验中采用恒幅正弦循环加载。静态拉伸载荷最大值为 25 kN，结构的破坏强度由最大载荷与横截面积作比得到，为 333 MPa。在此基础上，疲劳试验中以 25 kN 作为 100% 标准载荷。所有试验的应力比均为 0.1，应力比例是结构疲劳寿命的决定性因素，之所以选择非负应力比，是为了避免最小应力下的裂纹闭合，从而确保其在试验期间完全张开。图 7-20 所示为阶梯胶接修理结构循环拉伸载荷示意图，试样在 5 s 内加载至平均载荷，然后施加频率为 8 Hz 的正弦循环载荷（根据 ASTM 标准）直至达到规定的循环次数或断裂疲劳寿命。试验期间，在设定的时间间隔内用红外测温仪监测试样表面温度，保证试样升温不超过 5 ℃，以防温度影响结果偏差。在疲劳试验中，设置了 6 组不同水平的应力，分别为 75%、60%、55%、50%、40% 和 35% 的最大应力载荷，每一组应力水平至少包含三个样本测试点。

7.4.2　疲劳试验结果

阶梯式复合材料胶接结构是一种很复杂的结构，在循环拉伸载荷下，萌生裂纹的初始阶段很难被观察到。在试验过程中，对裂纹进行目视观测，当发现目视可见疲劳裂纹时，记录循环次数，由此确定目视可见裂纹的形成时间，即为初始裂纹形成寿命。同时，循环疲劳载荷在试验过程中停止于试件的疲劳破坏，从而获得试件疲劳扩展寿命。

图 7-19 阶梯胶接修理结构
拉伸疲劳试验

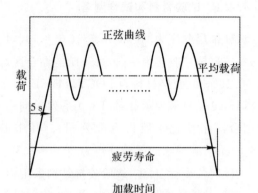

图 7-20 阶梯胶接修理结构循
环拉伸载荷示意图

试验数据表明,在 40% 最大应力载荷下,疲劳载荷和时间的关系如图 7-21 所示,阶梯式复合胶接试样的 S-N 离散点和拟合曲线如图 7-22 所示。通过所得疲劳试验数据可以发现,阶梯式复合材料胶接结构的疲劳寿命随应力水平的增加而线性降低。根据拟合线性方程可以得到,在百万次循环加载下,应力为 98.3 MPa,静态拉伸载荷比例为 29.3%。

结果表明:40% 最大应力载荷加载下的试样在 90 000 次循环时产生了裂纹,形成时间相当于试件疲劳总寿命的 86%;其他两个试件的可见裂纹的形成时间分别相当于试件疲劳总寿命的 88% 和 91%。由此可以得出,在发现明显裂纹之后直至试件完全断裂,复合材料胶接结构仍有 10% 的总寿命,即裂纹扩展寿命占总寿命的 10% 左右。初始裂纹形成阶段和裂纹扩展阶段的时间之比大约为 0.9,表明裂纹初始阶段在复合材料胶接结构的疲劳寿命中占主导地位;同时也表明当观测到可见裂纹时,结构接近断裂。一旦观测到结构的可见裂纹,就应及时维修或更换组件。图 7-23 为试件的目视可见裂纹,从外表面看,胶接材料的裂纹是由拉应力引起的,而试件内部复合材料裂纹由剪应力作用产生。图 7-24 为完全断裂形貌的侧视图,从图中可以发现胶材料未损坏,但复合材料已损坏。由于侧视图外观只能显示有限的信息,因此下一节将讨论阶梯状断裂表面的成因。

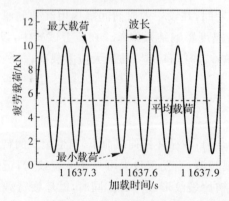

图 7-21 40% 最大应力载荷下的疲劳载荷-时间曲线

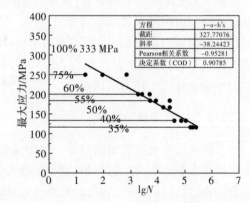

图 7-22 S-N 离散点和拟合曲线

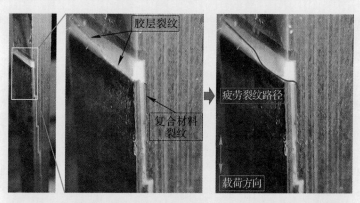

图 7 - 23　40％最大应力加载下试件在 90 000 次循环时的疲劳裂纹

图 7 - 24　40％最大应力加载下试件在 104 695 次循环后的断裂形貌侧视图

　　复合材料阶梯式胶接结构在循环疲劳载荷作用下产生目视可见裂纹,然后裂纹慢慢扩展,直至试件完全断裂。试件断口形貌如图 7 - 25 和图 7 - 26 所示。在对图 7 - 25 所示的裂纹起始与扩展阶段进行详细研究后发现,在瞬断阶段,胶接材料的剪切破坏是其主要的断裂原因,它包括内聚破坏和黏附破坏:黏附破坏是胶接材料直接从复合材料上脱落;内聚破坏意味着胶接材料的内部分子间相互作用出现了损伤,从而不再有黏性作用。除此之外,邻近胶接剂的黏合表面,由于不同铺层的胶层应力不同,一些±45°的铺层基体出现了开裂,同时还发现一些45°层与90°层之间的分层现象。

　　通过试验揭示了用于主承力结构中多阶复合材料胶接结构的疲劳破坏机制,得出以下结论。

　　(1)阶梯式复合材料胶接结构的疲劳寿命随所受应力水平的增加而线性降低。

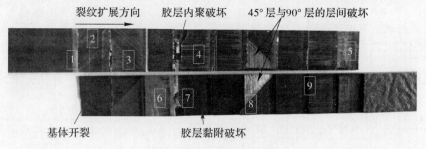

图 7 - 25　试件断口形貌

　　(2)当观测到目视可见初始疲劳裂纹时,多阶梯复合材料胶接结构接近断裂,其裂纹扩展剩余寿命约占疲劳总寿命的 10％。该比例相对较小,已不支持使用中的零部件继续服役,应及时更换或维修。

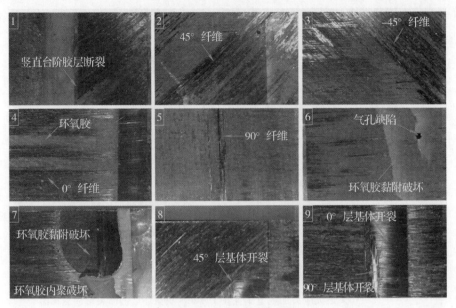

图 7-26 断口典型位置显微图

(3)初始疲劳裂纹位于复合材料胶接结构第一台阶的外部,外表面可见的胶接材料裂纹是由拉应力引起的,而试件内部复合材料裂纹由剪应力作用产生。加强结构疲劳强度的建议是:如果不影响齐平外形,在黏合头部位置的第一台阶外部应使用1～3层铺层组成的覆盖层进行保护。

(4)在瞬断阶段,胶接材料的剪切破坏是其主要的断裂原因,包括内聚破坏和黏附破坏。

参 考 文 献

[1] 徐绯,刘斌,李文英,等. 复合材料修理技术研究进展[J]. 玻璃钢/复合材料,2014
(8):105-112.

[2] 胡镇虎,基于内聚力模型的复合材料胶接接头界面失效机理研究[D]. 杭州:浙江大学,
2018.

[3] LIU B, XU F, QIN J, et al. Study on impact damage mechanisms and TAI capacity
for the composite scarf repair of the primary load-bearing level[J]. Composite Struc-
tures, 2017,181:183-193.

[4] OLAJIDE S O, ARHATARI B D. Recent progress on damage mechanisms in polymeric adhe-
sively bonded high-performance composite joints under fatigue[J]. International Journal of Fa-
tigue, 2016,95:45-63.

[5] LIU B, XU F, QIN J, et al. Study on impact damage mechanisms and TAI capacity

for the composite scarf repair of the primary load – bearing level[J]. Composite Structures，2017,181：183 – 193.

[6]　RUDAWSKA A，ABDEL WAHAB M M. The effect of cataphoretic and powder coatings on the strength and failure modes of EN AW – 5754 aluminium alloy adhesive joints[J]. International Journal of Adhesion and Adhesives，2019,89：40 – 50.

[7]　ABDEL WAHAB M M，HILMY I，ASHCROFT I A，et al. Damage parameters of adhesive joints with general triaxiality，Part 2：Scarf joint analysis[J]，Journal of Adhesion Science and Technology，2011，25(9)：23.

[8]　ALBEDAH A，KHAN S M A，BENYAHIA F，et al. Experimental analysis of the fatigue life of repaired cracked plate in aluminum alloy 7075 with bonded composite patch[J]. Engineering Fracture Mechanics，2015，145：210 – 220.

[9]　CHOWDHURY N M ，WANG J ，CHIU W K ，et al. Experimental and finite element studies of thin bonded and hybrid carbon fibre double lap joints used in aircraft structures[J]. Composites Part B（Engineering），2016,100:68 – 77.

[10]　郭霞，关志东，刘遂，等. 搭接长度对复合材料单搭接胶接接头的影响[J]. 科技导报，2013，31(7)：37 – 41.

[11]　梁祖典，燕瑛，张涛涛，等. 复合材料单搭接胶接接头试验研究与数值模拟[J]. 北京航空航天大学学报，2014，40(12)：1786 – 1792.

[12]　李波，赵美英，万小朋. 复合材料与金属胶接结构的次弯曲效应研究[J]. 航空工程进展，2013，4(2)：170 – 174.

[13]　KIM J S，BAE K D，LEE C，et al. Fatigue life evaluation of composite material sleeve using a residual stiffness model[J]. International Journal of Fatigue，2017,101:86 – 95.

[14]　SCHUBBE J，BOLSTAD S，REYES S. Fatigue crack growth behavior of aerospace and ship – grade aluminum repaired with composite patches in a corrosive environment[J]. International Journal of Fatigue,2016,144:44 – 56.

[15]　OLAIJDE S. Progress on investigation on damage analysis in bonded polymer composites under fatigue[J]. International Journal of Fatigue，2017,96:224 – 236.

[16]　YOO J，TRUONG V，PARK M，et al. Parametric study on static and fatigue strength recovery of scarf – patch – repaired composite laminates[J]. Composite Structures，2016，140:417 – 432.

[17]　刘斌，徐绯，司源，等. 飞机用复合材料斜胶接修补结构的冲击损伤[J]. 复合材料学报，2018，35(10)：2698 – 2705.

[18]　刘宇婷，潘利剑，胡秀凤，等. 可剥布对 T300/Cycom 970 环氧树脂复合材料胶接性能

的影响[J].复合材料学报,2017,34(5):996-1002.

[19] LIU B, HAN Q, ZHONG X P, et al. The impact damage and residual load capacity of composite stepped bonding repairs and joints[J]. Composites Part B(Engineering), 2019 ,158:339-351.

[20] WANG C H, VENUGOPAL V, PENG L. Stepped flush repairs for primary composite structures[J]. Journal of Adhesion, 2015, 91(1/2):95-112.

[21] HARMAN A B, RIDER A N. Impact damage tolerance of composite repairs to highly-loaded, high temperature composite structures[J]. Composites Part A (Applied Science & Manufacturing), 2011, 42:1321-1334.

[22] LIU B, XU F, FENG W, et al. Experiment and design methods of composite scarf repair for primary-load bearing structures[J]. Composites Part A (Applied Science and Manufacturing), 2016, 88:27-38.

[23] KIM M K, ELDER D J, WANG C H, et al. Interaction of laminate damage and adhesive disbonding in composite scarf joints subjected to combined in-plane loading and impact[J]. Composite Structures, 2012, 94:945-953.

[24] WANG C H, GUNNION A J. On the design methodology of scarf repairs to composite laminates[J]. Composites Science and Technology, 2008, 68(1):35-46.

[25] 彭海俊,秦志文,王继辉,等.胶接面纤维铺层角度对复合材料胶接应力和强度影响分析[J].玻璃钢/复合材料,2017(4):29-34.

[26] 曹双辉,高弄玥,刘斌.飞机复合材料阶梯式胶接结构的疲劳损伤与寿命[J].复合材料科学与工程,2020(2):81-84,96.

第8章 复合材料修理结构数值模拟与分析

8.1 复合材料强度问题与失效判据综述

强度问题是力学领域经久不衰的课题之一,涉及材料及其结构的损伤、屈服和断裂。材料或结构的强度预测往往要借助于失效判据。失效判据对材料及其结构的渐进失效和破坏分析至关重要。复合材料层合结构使用最多,复合材料单向板应力状态如图8-1所示。在破坏过程中,由于微结构的存在,会有小裂纹出现,从而耗散一部分应变能,剩余的是可恢复能量,如图8-2所示。本章先对复合材料失效判据进行综述。

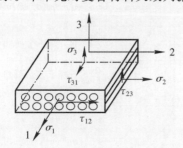

图8-1 复合材料单向板应力状态

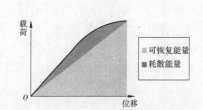

图8-2 复合材料破坏过程中由载荷-位移曲线反映出来的能量耗散

8.1.1 考虑破坏模式的复合材料失效判据

考虑破坏模式的复合材料失效判据包括:纤维拉伸(见表8-1)、纤维压缩(见表8-2)、纤维拉伸和压缩(见表8-3)、基体拉伸(见表8-4)、基体压缩(见表8-5)、基体拉伸和压缩(见表8-6)、纤维-基体剪切(见表8-7)。

表8-1 纤维拉伸失效判据

准　则	公　式	备　注
最大应力	$\sigma_1 \geqslant X_T$	X_T 为纤维拉伸强度
最大应变	$\varepsilon_1 \geqslant \varepsilon_{1T}$	ε_T 为纤维拉伸破坏应变

续表

准　则	公　式	备　注
1980 年 Hashin(三维)	$\left(\dfrac{\sigma_1}{X_\text{T}}\right)^2 + \dfrac{1}{S_{12}^2}(\tau_{12}^2 + \tau_{13}^2) \geqslant 1$	S_{12} 面内剪切强度
1980 年 Hashin(二维)	$\left(\dfrac{\sigma_1}{X_\text{T}}\right)^2 + \left(\dfrac{\tau_{12}}{S_{12}}\right)^2 \geqslant 1$	
1987 年 Chang – Chang	$\sqrt{\left(\dfrac{\sigma_1}{X_\text{T}}\right)^2 + \dfrac{\tau_{12}^2/2\,G_{12} + \dfrac{3}{4}\alpha\,\tau_{12}^4}{S_{12\text{is}}^2/2\,G_{12} + \dfrac{3}{4}\alpha\,S_{12\text{is}}^4}} \geqslant 1$	α 来源于非线性剪切法则 $\gamma_{12} = \left(\dfrac{1}{G_{12}}\right)\tau_{12} + \alpha\,\tau_{12}^3$
1998 年 Puck	$\dfrac{1}{\varepsilon_{1_\text{T}}}\left(\varepsilon_1 + \dfrac{\nu_{\text{f}12}}{E_{\text{f}1}}\,m_{\text{f}\sigma}\,\sigma_2\right) \geqslant 1$	下标 f 表示纤维; $m_{\text{f}\sigma}$ 为应力放大因子

表 8 – 2 　纤维压缩失效判据

准　则	公　式	备　注
最大压缩应力	$\sigma_1 \geqslant X_\text{C}$	X_C 为纤维压缩强度
最大压缩应变	$\varepsilon_1 \geqslant \varepsilon_{1\text{C}}$	$\varepsilon_{1\text{C}}$ 为纤维压缩破坏应变
1974 年 Greszczuk	$\sigma_1 \geqslant \dfrac{G_{12}^\text{m}}{1 - V_\text{f}}$	G_{12}^m 为基体剪切模量; V_f 为纤维体积分数
1991 年 Chang_Lessard	$\sigma_1 \geqslant \overline{X}_\text{C}$	$\overline{X}_\text{C}$ 为纤维屈曲强度
1998 年 Puck	$\dfrac{1}{\varepsilon_{1_\text{C}}}\left| \left(\varepsilon_1 + \dfrac{v_{\text{f}12}}{E_{\text{f}1}}\,m_{\text{f}\sigma}\,\sigma_2\right) \right| \geqslant 1 - (10\,\gamma_{21})^2$	下标 f 表示纤维量; $m_{\text{f}\sigma}$ 为应力放大因子
2003 年 LaRC03	当 $\sigma_{22}^\text{m} < 0$ 时: $\left\langle \dfrac{\mid \tau_{12}^\text{m} \mid + \eta_{12}\,\sigma_{22}^\text{m}}{S_{12_s}} \right\rangle \geqslant 1$ 当 $\sigma_{22}^\text{m} > 0$ 时: $(1-g)\left(\dfrac{\sigma_{22}^\text{m}}{Y_{\tau_{is}}}\right) + g\left(\dfrac{\sigma_{22}^\text{m}}{Y_{\tau_{is}}}\right)^2 + \left(\dfrac{\tau_{12}^\text{m}}{S_{12_{is}}}\right)^2 \geqslant 1$	σ_{22}^m, τ_{12}^m 为二维弯折面在角 φ 下的应力; $g = G_{\text{I}_c}/G_{\text{II}_c}$ 对于厚层与薄层取不同值;
2005 年 LaRC04	当 $\sigma_{2m2m} < 0$ 时, $\dfrac{\mid \tau_{1m2m} \mid}{S_{12_{is}} - \eta_{12}\,\sigma_{2m2m}} \geqslant 1$ 当 $\sigma_{2m2m} > 0$ 时, $(1-g)\left(\dfrac{\sigma_{2m2m}}{Y_{T_{is}}}\right) + g\left(\dfrac{\sigma_{2m2m}}{Y_{T_{is}}}\right)^2 +$ $\dfrac{\Lambda_{23}^0\,\tau_{2m3\varphi}^2 + \chi(\gamma_{1m2m})}{\chi(\gamma_{12_{is}}^\text{m})} \geqslant 1$	σ_{2m2m}, τ_{1m2m}, τ_{23}^m, τ_{12}^m, σ_3^m, $\tau_{2m3\varphi}$ 为三维弯折面在角 φ、ψ 下的应力; $g = G_{\text{I}_c}/G_{\text{II}_c}$ 对于厚层与薄层取不同值; 迭代寻找三维弯折角, 如果寻找解决方案失败, 原因是不稳定
2007 年 Maimí 等	$\langle \mid \tau_{12}^\text{m} \mid + \eta_{12}\,\sigma_{22}^\text{m} \rangle / S_{12} \geqslant 1$	σ_{22}^m, τ_{12}^m 为二维弯折面在角 φ 下的应力

表 8-3　纤维拉伸和压缩失效判据

准　则	公　式	备　注
1982 年 Lee	$\sigma_1 \geqslant \sigma_{FN}$ 或 $\sqrt{(\sigma_{12}^2 + \sigma_{13}^2)} \geqslant \sigma_{FS}$	σ_{FN} 为纤维强度；σ_{FS} 为纤维面内剪切强度
1997 年 Christensen	$\alpha_2\, k_2\, \sigma_1 + \dfrac{1}{4}(1 + 2\,\alpha_2)\,\sigma_1^2 - \dfrac{(1 + \alpha_2)^2}{2}\dfrac{(\sigma_2 + \sigma_3)}{2}\sigma_1 \leqslant k_2^2$	$k_2 = \dfrac{X_T}{2}$，$\alpha_2 = \dfrac{1}{2}\left(\dfrac{X_T}{\mid X_C \mid} - 1\right)$
2003 年 Huang	用耗散能量密度 $\varphi(\varepsilon)$ 来表征损伤：纤维失效判据 $\varphi(\varepsilon) > D_t$	D_t 为耗散能量密度极限

表 8-4　基体拉伸失效判据

准　则	公　式	备　注
最大应力	$\sigma_2 \geqslant Y_T$	Y_T 为基体拉伸强度
最大应变	$\varepsilon_2 \geqslant \varepsilon_{2T}$	ε_{2T} 为基体拉伸破坏应变
1973 年 Hashin-Rotem	$(\sigma_2 / Y_T)^2 + (\tau_{12}/S_{12})^2 \geqslant 1$	
1980 年 Hashin（三维）	$\dfrac{(\sigma_2 + \sigma_3)^2}{Y_T^2} + \dfrac{\tau_{23}^2 - \sigma_2\,\sigma_3}{S_{23}^2} + \dfrac{\tau_{12}^2 - \tau_{13}^2}{S_{12}^2} \geqslant 1$	
1987 年 Chang-Chang	$\sqrt{\left(\dfrac{\sigma_2}{Y_T}\right)^2 + \dfrac{\tau_{12}^2 / 2\,G_{12} + \dfrac{3}{4}\alpha\,\tau_{12}^4}{S_{12_{is}}^2 / 2\,G_{12} + \dfrac{3}{4}\alpha\,S_{12_{is}}^4}} \geqslant 1$	α 来源于非线性剪切 $\gamma_{12} = \tau_{12}/G_{12} + \alpha\tau_{12}^3$
1991 年 Chang-Lessard	$\sqrt{\left(\dfrac{\sigma_2}{Y_{T_{is}}}\right)^2 + \dfrac{\tau_{12}^2 / 2\,G_{12} + \dfrac{3}{4}\alpha\,\tau_{12}^4}{S_{12_{is}}^2 / 2\,G_{12} + \dfrac{3}{4}\alpha\,S_{12_{is}}^4}} \geqslant 1$	
1992 年 Ladeveze	利用 d_2，$\overline{\Psi}_2$ 来表示损伤：$d_2 \geqslant 1$ 或 $\overline{\Psi}_2 \geqslant \overline{\Psi}_{2\max}$ 时完全破坏　$d_2 = \langle \overline{\Psi}_2 - \overline{\Psi}_{2\text{init}} \rangle_+ / \Psi_{2\text{crit}}$　$\overline{\Psi}_2(t) = \sqrt{\dfrac{1}{2}\dfrac{(\sigma_2)_+^2}{E_2(1 - d_2)^2}}$，$\overline{\Psi}_2 = \max \overline{\Psi}_2(t)$	$a \geqslant 0$ 时，$(a)_+ = a$，否则 $(a)_+ = 0$；$\Psi_{\text{init,crit,max}}$ 为 $[\pm 67.5]_{2s}$；拉伸试验中的材料参数依然应用塑性法则
1995 年 Shahid-Chang	$\left[\dfrac{\overline{\sigma}_2}{Y_T(\varphi)}\right]^2 + \left[\dfrac{\overline{\tau}_{12}}{S_{12}(\varphi)}\right]^2 \geqslant 1$	$\overline{\sigma}$ 为有效层应力；φ 为基质裂化密度；Y_T；S_{12} 为使用裂化密度

续表

准　则	公　式	备　注
1998 年 Puck	$\sqrt{(\tau_{21}/S_{21})^2 + (1 - p_{\perp\parallel}^{(+)} Y_T/S_{21})^2 (\sigma_2/Y_T)^2} +$ $p_{\perp\parallel}^{(+)} \sigma_2/S_{21} \geqslant 1 - \mid \sigma_1/\sigma_{1D}\mid$	$p_{\perp\parallel}^{(+)} =$ $-(\mathrm{d}\,\tau_{21}/\mathrm{d}\,\sigma_2)_{\sigma_2=0}$
2003 年 LaRC03	$(1-g)\left(\dfrac{\sigma_2}{Y_{T_{is}}}\right) + g\left(\dfrac{\sigma_2}{Y_{T_{is}}}\right)^2 + \left(\dfrac{\tau_{12}}{S_{12_{is}}}\right)^2 \geqslant 1$	σ_{1D} 为线性退化的应力值；$g = G_{I_c}/G_{II_c}$ 对于厚层与薄层取不同值
2004 年 Cuntze	$[I_2 + \sqrt{I_4}]/2\,Y_T \geqslant 1$ $I_2 = \sigma_2 + \sigma_3$，$I_4 = (\sigma_2 - \sigma_3)^2 + 4\,\tau_{23}^2$	
2005 年 LaRC04	$(1-g)\left(\dfrac{\sigma_2}{Y_{T_{is}}}\right) + g\left(\dfrac{\sigma_2}{Y_{T_{is}}}\right)^2 + \dfrac{\Lambda_{23}^0\,\tau_{23}^2 + \chi(\gamma_{12})}{\chi(\gamma_{12_{is}}^u)} \geqslant 1$	$g = G_{I_c}/G_{II_c}$ 对于厚层与薄层取不同值
2007 年 Maimí 等	$\sigma_2 = 0$ 时：$\sqrt{(1-g)\left(\dfrac{\sigma_2}{Y_T}\right) + g\left(\dfrac{\sigma_2}{Y_T}\right)^2 + \left(\dfrac{\tau_{12}}{S_{12}}\right)^2} \geqslant 1$ $\sigma_2 < 0$ 时：$\langle \mid \tau_{12}\mid + \eta_{12}\,\sigma_2 \rangle/S_{12} \geqslant 1$	$g = G_{I_c}/G_{II_c}$ $\alpha_0 = 53^\circ$ $\eta_{12} = -\dfrac{S_{12}\cos 2\alpha_0}{Y_C\cos^2 2\alpha_0}$

表 8-5　基体压缩失效判据

准　则	公　式	备　注
1973 年 Hashin-Rotem	$(\sigma_2/Y_C)^2 + (\tau_{12}/S_{12})^2 \geqslant 1$	
1980 年 Hashin(二维)	$\sigma_2/Y_C[(Y_C/2\,S_{23})^2 - 1] +$ $(\sigma_2/2\,S_{23})^2 + (\tau_{12}/S_{12})^2 \geqslant 1$	
1991 年 Chang-Lessard	$\sqrt{(\sigma_2/Y_C)^2 + \dfrac{\tau_{12}^2/2\,G_{12} + \dfrac{3}{4}\alpha\,\tau_{12}^4}{S_{12_{is}}^2/2\,G_{12} + \dfrac{3}{4}\alpha\,S_{12_{is}}^4}} \geqslant 1$	

续表

准　则	公　式	备　注
1998 年 Puck	对于 2D 平面应力模型 B，$\theta_{fp} = 0°$ $\dfrac{1}{S_{21}}\left(\sqrt{\tau_{21}^2 + (p_{\perp\parallel}^{(-)}\,\sigma_2)^2} + p_{\perp\parallel}^{(-)}\,\sigma_2\right) \geqslant 1 - \left\|\dfrac{\sigma_1}{\sigma_{1D}}\right\|$ 适用于 $\sigma_2 < 0$ 和 $0 < \|\,\sigma_2/\tau_{21}\,\| \leqslant R_{\perp\perp}^A / \|\,\tau_{21c}\,\|$ 对于模型 C，$\theta_{fp} \neq 0°$ $\left[\left(\dfrac{\tau_{21}}{2(1+p_{\perp\perp}^{(-)}\,S_{21})}\right)^2 + \left(\dfrac{\sigma_2}{Y_c}\right)\right]\dfrac{Y_c}{(-\sigma_2)} \geqslant 1 - \left\|\dfrac{\sigma_1}{\sigma_{1D}}\right\|$ 适用于 $\sigma_2 < 0$ 和 $0 \leqslant \|\,\tau_{21}/\sigma_2\,\| \leqslant \|\,\tau_{21c}\,\| / R_{\perp\perp}^A$	$p_{\perp\parallel}^{(-)} = -(d\,\tau_{21}/d\,\sigma_2)_{\sigma_2=0}$ $R_{\perp\perp}^A = Y_C / [2(1+p_{\perp\perp}^{(-)})]$ $R_{\perp\perp}^A = \dfrac{S_{21}}{2\,p_{\perp\perp}^{(-)}} \times$ $(\sqrt{1+2\,p_{\perp\parallel}^{(-)}\,Y_C/S_{21}} - 1)$ $p_{\perp\perp}^{(-)} = p_{\perp\parallel}^{(-)}\,R_{\perp\perp}^A / S_{21}$ $\tau_{21} = S_{21}\sqrt{1+2\,p_{\perp\perp}^{(-)}}$ $f_w = 1 - \sigma_1/\sigma_{1D}$ σ_{1D} 表征线性退化的应力值
2003 年 LaRC03	$\sigma_1 < Y_C : \tau_{23_{eff}}^m / S_{23} + \tau_{12_{eff}}^m / S_{12_{is}} \leqslant 1$ $\sigma_1 \geqslant Y_C : \tau_{23_{eff}}^m / S_{23} + \tau_{12_{eff}}^m / S_{12_{is}} \leqslant 1$ $\tau_{23_{eff}}^m, \tau_{12_{eff}}^m$ 为在 φ 角下扭结框架的应力	$\alpha_0 = 53°$ 或检测值； 角 α 由 $0 < \alpha < \alpha_0$ 得出； $S_{23} = Y_C\cos\alpha_0 \times (\sin\alpha_0 +$ $\cos\alpha_0/\tan 2\alpha_0)$
2004 年 Cuntze	$(b_\perp^\tau - 1)\,I_2/Y_C + (b_\perp^\tau\,I_4 + b_{\perp\parallel}^\tau\,I_3)/Y_C^2 \geqslant 1$ $I_2 = \sigma_2 + \sigma_3 \qquad I_3 = \tau_{31}^2 + \tau_{12}^2$ $I_4 = (\sigma_2 - \sigma_3)^2 + 4\,\tau_{23}^2$	$b_\perp^\tau = 1, b_{\perp\parallel}^\tau = 0$
2005 年 LaRC04	$\sigma_1 \geqslant -Y_C : \left(\dfrac{\tau_{23}^a}{S_{23} - \eta_{23}\,\sigma_n}\right)^2 + \left(\dfrac{\tau_{12}^a}{S_{12_{is}} - \eta_{12}\,\sigma_n}\right)^2 \geqslant 1$ $\sigma_1 < -Y_C : \left(\dfrac{\tau_{23}^m}{S_{23} - \eta_{23}\,\sigma_n^m}\right)^2 + \left(\dfrac{\tau_{12}^m}{S_{12} - \eta_{12}\,\sigma_n^m}\right)^2 \geqslant 1$ $\sigma_n, \tau_{23}^a, \tau_{12}^a$ 为断裂面在 α 角下的应力 $\sigma_n^m, \tau_{23}^m, \tau_{12}^m$ 为 3 维扭结框架在角 Φ, φ 下的应力	$\alpha_0 = 53°$ 或检测值； α 由 $0 < \alpha < \alpha_0$ 得出； $S_{23} = Y_C\cos\alpha_0 \times (\sin\alpha_0 +$ $\cos\alpha_0/\tan 2\alpha_0)$ $\eta_{23} = -1/\tan 2\alpha_0$ $\eta_{12} = \eta_{23}\,S_{12}\,S_{23}$
2007 年 Maimí 等	$\sqrt{(\tau_{23_{eff}}/S_{23})^2 + (\tau_{12_{eff}}/S_{12})^2} \geqslant 1$ $\alpha_0 = 53°, \theta = \arctan(-\sigma_{12}/\sigma_{22}\sin\alpha_0)$ $\tau_{23_{eff}} = \langle -\sigma_{22}\cos\alpha_0(\sin\alpha_0 - \eta_{23}\cos\alpha_0\cos\theta)\rangle$ $\tau_{12_{eff}} = \langle \cos\alpha_0(\|\,\tau_{12}\,\| + \eta_{12}\,\sigma_{22}\cos\alpha_0\sin\theta)\rangle$	$\eta_{23} = -1/\tan 2\alpha_0$ $\eta_{12} = -\dfrac{S_{12}\cos 2\alpha_0}{Y_C\cos^2 2\alpha_0}$ $S_{23} = Y_C\cos\alpha_0 \times (\sin\alpha_0 +$ $\cos\alpha_0/\tan 2\alpha_0)$

表 8 - 6　基体拉伸和压缩失效判据

准　则	公　式	备　注
1982 年 Lee	$\sigma_2 \geqslant \sigma_{MN}$ 或 $\sqrt{(\sigma_{12}^2 + \sigma_{13}^2)} \geqslant \sigma_{MS}$	σ_{MN}, σ_{MS} 为最大拉伸、剪切强度
1997 年 Christensen	$\alpha_1 k_1 (\sigma_2 + \sigma_3) + (\sigma_{12}^2 + \sigma_{31}^2) + (1 + 2\alpha_1)[\frac{1}{4}(\sigma_2 - \sigma_3)^2 + \sigma_{23}^2] \leqslant k_1^2$	约束：$k_1 \ll k_2$（表 8 - 3 中）$\left\| \frac{1}{2}(\sigma_{22} + \sigma_{33}) \right\| = \text{order}(k_1)$
2001 年 Gosse	$J_1 = \varepsilon_1 + \varepsilon_2 + \varepsilon_3$ $\varepsilon_{eqv} = \sqrt{\dfrac{(\varepsilon_1 - \varepsilon_2)^2 + (\varepsilon_1 - \varepsilon_3)^2 + (\varepsilon_2 - \varepsilon_3)^2}{2}}$	$\varepsilon_1, \varepsilon_2, \varepsilon_3$ 为主应变
2003 年 Huang 等	当 $J_1 \geqslant J_{1citt}$ 或 $\varepsilon_{eqv} \geqslant \varepsilon_{eqv_{crit}}$ 时破坏，应用耗散能量密度 $\varphi(\varepsilon)$；极限破坏情况，$0 \leqslant \varphi(\varepsilon) \leqslant D_t$	J_{1citt}，$\varepsilon_{eqv_{crit}}$ 来自于实验；D_t 为耗散能量密度阈值

表 8 - 7　纤维-基体剪切失效判据

准　则	公　式	备　注
最大剪切应力	$\tau_{12} \geqslant S_{12}$	
最大剪切应变	$\gamma_{12} \geqslant \gamma_{12}^u$	γ_{12}^u 为极限切应变
1980 年 Hashin	$(\sigma_2 / Y_C)^2 + (\tau_{12} / S_{12})^2 \geqslant 1$	
1991 年 Chang-Lessard	$\sqrt{\left(\dfrac{\sigma_1}{X_C}\right)^2 + \dfrac{\tau_{12}^2 / 2 G_{12} + \frac{3}{4}\alpha \tau_{12}^4}{S_{12_{is}}^2 / 2 G_{12} + \frac{3}{4}\alpha S_{12_{is}}^4}} \geqslant 1$	α 来自于非线性剪切；$\gamma_{12} = \tau_{12} / G_{12} + \alpha \tau_{12}^3$
1992 年 Ladeveze	用 $d_{12}, \overline{\Psi}_{12}, \overline{\Psi}_2$ 来表征损伤：$d_{12} \geqslant 1$ 或 $\overline{\Psi}_{12} \geqslant \overline{\Psi}_{2_{max}}$ 时完全破坏 $d_{1,12} = \langle \overline{\Psi}_{1,12} - \overline{\Psi}_{1,12_{init}} \rangle_+ / \Psi_{1,12_{crit}}$ $\overline{\Psi}_{12}(t) = \sqrt{\tau_{12}^2 / [2 G_{12}(1 - d_{12})^2] + b \overline{\Psi}_2(t)}$ $\overline{\Psi}_2(t) = \sqrt{\dfrac{1}{2} \dfrac{\langle \sigma_2 \rangle_+^2}{E_2 (1 - d_2)^2}}, \overline{\Psi}_{12} = \max \overline{\Psi}_{12}(t)$	当 $a \geqslant 0$ 时 $(a)_+ = a$，其他情况下 $a = 0$；$\Psi_{2_{init,rit,max}}, b$ 为在 $[\pm 67.5]_{2s}$ 试样上拉伸测试；$\Psi_{12_{init}}, \Psi_{12_{chit}}$ 为 $[\pm 45]_{2s}$ 试样上的周期性拉伸；仍适用于塑性法则

续表

准　　则	公　　式	备　　注
1995 年 Shahid-Chang	$(\bar{\sigma}_1 / X_{\mathrm{T}})^2 + [\bar{\tau}_{12} / S_{12}(\varphi)]^2 \geqslant 1$	$\bar{\sigma}_1$ 为有效层应力； φ 为最大裂纹密度
2004 年 Cuntze	$[I_3^{3/2} + b_{\perp\parallel}(I_2\,I_3 - I_5)]^{1/3} / S_{12} \geqslant 1$ $I_2 = \sigma_2 + \sigma_3, I_3 = \tau_{31}^2 + \tau_{12}^2$ $I_5 = (\sigma_2 - \sigma_3)(\tau_{31}^2 + \tau_{12}^2) - 4\,\tau_{23}\,\tau_{31}\,\tau_{12}$	$b_{\perp\parallel} = 0.1$

8.1.2　单层或层合板的不考虑破坏模式失效判据

复合材料单层或层合板不考虑破坏模式的失效判据包括单层失效判据（见表 8-8）和单层交互失效判剧（见表 8-9）。

表 8-8　单层失效判据

准则	公式	备注
1974 年 Sandhu	$\left(\dfrac{\displaystyle\int_{\varepsilon_1} \sigma_1\,\mathrm{d}\,\varepsilon_1}{\displaystyle\int_{z_1^u} \sigma_1\,\mathrm{d}\,\varepsilon_1}\right)^m + \left(\dfrac{\displaystyle\int_{\varepsilon_2} \sigma_2\,\mathrm{d}\,\varepsilon_2}{\displaystyle\int_{\varepsilon_2^u} \sigma_2\,\mathrm{d}\,\varepsilon_2}\right)^m + \left(\dfrac{\displaystyle\int_{\varepsilon_1} \tau_{12}\,\mathrm{d}\,\gamma_{12}}{\displaystyle\int_{\gamma_{12}^u} \tau_{12}\,\mathrm{d}\,\gamma_{12}}\right)^m \geqslant 1$	$(\cdot)^u$：极限应变 m：曲线拟合参数 Wolfe 和 Butalia（1998）用 m_1, m_2, m_3 来表示 m
1980 年 Yamada-Sun	$(\sigma_1 / X)^2 + (\tau_{12} / S_{12_{16}})^2 \geqslant 1$	X：在文中特指单层强度
1988 年 Christensen	Weibull 用两个参数来描述强度： $\alpha \cdot \varepsilon_{kk} + e_{ij}\,e_{ij} \leqslant k^2$ ε_{kk} 为体积变化，e_{ij} 为偏量应变	α, k：曲线拟合参数
1997 年 Michopoulos 等	用耗散能量密度 φ 来度量损伤：在实验中， $D = W - R$ $\Phi = \displaystyle\int_{\partial V} \varphi(\varepsilon, m)\,\mathrm{d}V = \int_{\partial V} c_i(m)\chi_i(z)\,\mathrm{d}V$ $e = \mid D - \Phi \mid$ 通过最小化来解出 c_i； φ 表征损伤带来的非线性； 适用于有可见损伤的结构，矢量加载为 $L: \dfrac{\mathrm{d}\,V_c}{\mathrm{d}\mid \underset{\sim}{L} \mid} = 0, \dfrac{\mathrm{d}^2}{\mathrm{d}\mid \underset{\sim}{L}\mid^2}\,V_c = 0, \dfrac{\mathrm{d}}{\mathrm{d}\mid \underset{\sim}{L}\mid}\displaystyle\int_0^{V_c} \varphi\mathrm{d}v = 0, \int_0^{V_c} \varphi\mathrm{d}v \geqslant d_{\mathrm{cr}}$	D：耗散能量密度 W：总能量 R：可恢复能量 φ：耗散能量（近似值） χ：应变插值函数 c：材料系数 V_c：特征量 d_{cr}：临界耗散能量
2004 年 Cuntze	$\displaystyle\sum_1^5 (Eff^{\mathrm{mode}})^{\dot{m}}$，$Eff^{\mathrm{mode}}$ 为破坏标准模式	$\dot{m}$：曲线拟合参数，可取 $\dot{m} = 3.1$

表 8 - 9　单层交互失效判据

准　则	公　式
1965 年 Tsai-Hill	$(\sigma_1/X^2)+(\sigma_2/Y)^2+(\tau)_{12}/S_{12}^2-(\sigma_1\sigma_2/X^2)\geqslant 1$ X 和 Y 可以是 X_C，Y_C 或 X_T，Y_T，取决于 σ_1 和 σ_2 的符号
1967 年 Hoffman	$\left(\dfrac{1}{X_T}-\dfrac{1}{X_C}\right)\sigma_1+\left(\dfrac{1}{Y_T}-\dfrac{1}{Y_C}\right)\sigma_2+\dfrac{\sigma_1^2}{X_T X_C}+\dfrac{\sigma_2^2}{Y_T Y_C}+\left(\dfrac{\tau_{12}}{S_{12}}\right)^2-\dfrac{\sigma_1\sigma_2}{X_T X_C}\geqslant 1$
1971 年 Tsai - Wu	$\left(\dfrac{1}{X_T}-\dfrac{1}{X_C}\right)\sigma_1+\left(\dfrac{1}{Y_T}-\dfrac{1}{Y_C}\right)\sigma_2+\dfrac{\sigma_1^2}{X_T X_C}+\dfrac{\sigma_2^2}{Y_T Y_C}+\left(\dfrac{\tau_{12}}{S_{12}}\right)^2+2f_{12}\sigma_1\sigma_2\geqslant 1$ $f_{12}=-\dfrac{1}{2}\sqrt{f_{11}f_{22}}$ 或 $f_{12}=-\dfrac{1}{2}\sqrt{1/(X_T X_C Y_T Y_C)}$
1992 年 Theocaris	适用于横观各向同性 $\dfrac{\sigma_1^2}{X_T X_C}+\dfrac{\sigma_2^2}{Y_T Y_C}-\dfrac{\sigma_1\sigma_2}{X_T X_C}+\left(\dfrac{1}{X_T}-\dfrac{1}{X_C}\right)\sigma_1+\left(\dfrac{1}{Y_T}-\dfrac{1}{Y_C}\right)\sigma_2\geqslant 1$
1994 年 Yeh-Stratton	$\dfrac{\sigma_i}{A_i}+\dfrac{\sigma_j}{A_j}+B_{ij}\sigma_{ij}+\dfrac{\tau_{ij}^2}{C_{ij}}\geqslant 1$　　在应力空间每个象限都满足 例如：在 1-2 平面，$\dfrac{\sigma_1}{X}+\dfrac{\sigma_2}{Y}+B_{12}\sigma_{12}+\dfrac{\tau_{12}^2}{S_{12}}\geqslant 1$ $\sigma_1>0$ 时，$X=X_T$，$\sigma_1<0$ 时，$X=X_C$ $\sigma_2>0$ 时，$Y=Y_T$，$\sigma_2<0$ 时，$Y=Y_C$ B_{12} 参数在不同的象限中不同
1997 年 Echaabi	Kriging 技术拟合破坏数据的统计曲线： $\begin{matrix} K(\mid X_i-X_j\mid) & \in_{ij}K'(\mid X_i-X_k^*\mid) & P(X) & b_j & u_i \\ [-\in_{ij}K'(\mid X_r^*-X_j\mid) & -K''(\mid X_r^*-X_k^*\mid) & P'(X^*)]\{c_k\}=\{d_r\} \\ P(X) & P'(X^*) & 0 & a_l & 0 \end{matrix}$ $\in_{ij}=\begin{cases}+1, & X_i=X_k^* \\ -1, & X_i>X_k^*\end{cases}$, $1=i=N,1=k=L$ 典型协方差类型： 常含数：a_1　　　　　　二次函数：$a_1+a_2t+a_3t$ 线性函数：a_1+a_2t　　三角函数：$a_1+a_2\sin 2\pi t+a_3\cos 2\pi t$

8.1.3　分层起始与扩展失效判据

复合材料分层起始与扩展失效也有很多种判据，分层起始失效判据见表 8 - 10，分层扩展失效判据见表 8 - 11。

表 8 - 10　分层起始失效判据

准　则	公　式
最大分层应力	$\sigma_3 \geqslant Z_{\mathrm{T}}, \tau_{31} \geqslant S_{31}, \tau_{23} \geqslant S_{23}$
1980 年 Hashin	$\left(\dfrac{\sigma_3}{Z_{\mathrm{T}}}\right)^2 + \left(\dfrac{\tau_{23}}{S_{23}}\right)^2 + \left(\dfrac{\tau_{31}}{S_{31}}\right)^2 \geqslant 1$
1982 年 Lee	$\sigma_3 \geqslant Z_{\mathrm{T}}$ 或 $\sqrt{(\sigma_{12}^2 + \sigma_{13}^2)} \geqslant S_{23}$
1986 年 Kim-Soni	$F_{13}\,\tau_{13}^2 + F_{23}\,\tau_{23}^2 + F_{33}\,\sigma_3^2 + F_3\,\sigma_3 \geqslant 1$ F_{i3} 和 F_3 是层间强度的一般函数
1987 年 Ochoa-Engblom	$\left(\dfrac{\sigma_3}{Z_{\mathrm{T}}}\right)^2 + \dfrac{\tau_{23}^2 + \tau_{31}^2}{S_{23}^2} \geqslant 1$
1988 年 Brewer-Lagace	$\left(\dfrac{\tau_{23}}{S_{23}}\right)^2 + \left(\dfrac{\tau_{31}}{S_{31}}\right)^2 + \left(\dfrac{\sigma_3^+}{Z_{\mathrm{T}}}\right)^2 + \left(\dfrac{\sigma_3^-}{Z_{\mathrm{C}}}\right)^2 \geqslant 1$
1991 年 Long	$\left(\dfrac{\sigma_3}{Z_{\mathrm{T}}}\right) + \left(\dfrac{\tau_{23}}{S_{23}}\right)^2 \geqslant 1$ 且 $\left(\dfrac{\sigma_3}{Z_{\mathrm{T}}}\right)^2 + \left(\dfrac{\tau_{23}}{S_{23}}\right)^2 \geqslant 1$
1997 年 Tsai	$\dfrac{\sigma_1^2 - \sigma_1\,\sigma_3}{X_{\mathrm{T}}^2} + \left(\dfrac{\sigma_3}{Z_{\mathrm{T}}}\right)^2 + \left(\dfrac{\tau_{23}}{S_{23}}\right)^2 \geqslant 1$
1997 年 Tong-Tsai	$\dfrac{\sigma_1^2 - \sigma_1\,\sigma_3}{X_{\mathrm{T}}^2} + \left(\dfrac{\sigma_3}{Z_{\mathrm{T}}}\right) + \left(\dfrac{\tau_{23}}{S_{23}}\right)^2 \geqslant 1$
1997 年 Degen-Tsai	$\left(\dfrac{\sigma_1}{X_{\mathrm{T}}}\right)^2 + \left(\dfrac{\sigma_3}{Z_{\mathrm{T}}}\right)^2 + \left(\dfrac{\tau_{23}}{S_{23}}\right)^2 \geqslant 1$
1997 年 Degen-Tong-Tsai	$\left(\dfrac{\sigma_1}{X_{\mathrm{T}}}\right)^2 + \left(\dfrac{\sigma_3}{Z_{\mathrm{T}}}\right) + \left(\dfrac{\tau_{23}}{S_{23}}\right)^2 \geqslant 1$
1997 年 Norris	$\dfrac{\sigma_1^2 - \sigma_1\,\sigma_3}{X_{\mathrm{T}}\,X_{\mathrm{C}}} + \left(\dfrac{\sigma_3}{Z_{\mathrm{T}}}\right)^2 + \left(\dfrac{\tau_{23}}{S_{23}}\right)^2 \geqslant 1$
1997 年 Tong-Norris	$\dfrac{\sigma_1^2 - \sigma_1\,\sigma_3}{X_{\mathrm{T}}\,X_{\mathrm{C}}} + \left(\dfrac{\sigma_3}{Z_{\mathrm{T}}}\right) + \left(\dfrac{\tau_{23}}{S_{23}}\right)^2 \geqslant 1$

续表

准　则	公　式
1998 年 Zhang	$\sigma_3 = Z_T$ 且 $\sqrt{\tau_{31}^2 + \tau_{23}^2} \geqslant S_{23}$
2001 年 Wisnom 等	有效最大应力 σ_e 来自主应力： $2.6\,\sigma_e^2 = (\sigma_1 - \sigma_2)^2 + (\sigma_2 - \sigma_3)^2 + (\sigma_3 - \sigma_1)^2 + 0.6\,\sigma_e(\sigma_1 + \sigma_2 + \sigma_3)$ Weibull 等效应力 $\bar{\sigma}$ 为所有元素的有效最大应力 σ_e 之和 Weibull 参数以及 $\bar{\sigma}$ 的试验值来自弯曲单向梁试验
2002 年 Goyal 等	$\left(\dfrac{\tau_{23}}{S_{23}}\right)\gamma + \left(\dfrac{\tau_{31}}{S_{31}}\right)\gamma + \left(\dfrac{\sigma_3^+}{Z_T}\right)^2 \geqslant 1$ γ：曲线参数化

表 8-11　分层扩展失效判据

准　则	公　式	备　注
单一模式	$G_I \geqslant G_{I_c}$，$G_{II} \geqslant G_{II_t}$，$G_{III} \geqslant G_{II_c}$	
1981 年 Hahn	$G_T \geqslant G_{Ik} - (G_{II_c} - G_{I_c})\sqrt{G_I / G_I}$	
1983 年 Hahn-Johnnesson	$G_T \geqslant (G_{t_c} - \chi) + \chi\sqrt{1 + \dfrac{G_{II}}{G_r}\sqrt{\dfrac{E_{11}}{E_{22}}}}$	χ：曲线拟合
1984 年 Power-law	$\left(\dfrac{G_I}{G_c}\right)^m + \left(\dfrac{G_{II}}{G_{II}}\right)^n + \left(\dfrac{G_{II}}{G_{II_c}}\right)^p \geqslant 1$	m,n,p：曲线拟合 线性条件：$m=n=p=1$ 二次函数：$m=n=p=2$
1985 年 Donaldson	$G_T = (G_{I_c} - G_{II_c}) + e^{\gamma(1-N)}$ $N = \sqrt{1 + (G_{II}/G_I)(\sqrt{E_{11}/E_{22}})}$	γ：曲线拟合
1987 年 Hashemi-Kinloch	mode I：$G_{\parallel} \geqslant \dfrac{1}{3}G_{\parallel_c}\sqrt{\dfrac{E_{11}}{E_{22}}}\left(\dfrac{G_k}{G_I} - \dfrac{G_I}{G_k}\right)$ mode II：$G_I \geqslant 3G_{I_c}\sqrt{\dfrac{E_{22}}{E_{11}}}\left[\dfrac{G_{I_c}}{G_{II}}\left(\dfrac{G_{\parallel_1}}{G_{I_c}}\right)^2 - \dfrac{G_I}{G_{I_c}}\right]$	
1987 年 White	$G_T \geqslant (G_{II_c} - G_{I_c})\,e^{\eta\sqrt{\frac{1}{(G_{II}/G_I)}}}$	η：曲线拟合
1990 年 Hashemi-Kinloch	$\dfrac{G_I}{G_{I_c}} + (\kappa - 1)\dfrac{G_I}{G_{I_c}}\dfrac{G_{II}}{G_{II_c}} + \dfrac{G_{II}}{G_{II_c}} \geqslant 1$	κ：曲线拟合

续表

准　则	公　式	备　注
1991 年 Yan 等	$G_T \geqslant G_{I_c} + \rho \dfrac{G_{II}}{G_I} + \tau \left(\dfrac{G_{II}}{G_I}\right)^2$	ρ, τ : 曲线拟合
1991 年 Hashemi-Williams	$\dfrac{G_I}{G_{I_c}} + \left(\dfrac{\kappa - 1 + \varphi}{1 + G_{II}/G_I}\right) \dfrac{G_I}{G_{I_c}} \dfrac{G_{II}}{G_{II_c}} + \dfrac{G_{II}}{G_{II_c}} \geqslant 1$	κ, φ : 曲线拟合
1993 年 Reeder	当 $\dfrac{G_{II}}{G_I} < \dfrac{\dfrac{1}{\zeta} G_{I_c} + G_{II_c}}{G_{I_c} + \xi G_{II_c}}$ 时, $\dfrac{G_I - \xi G_{II}}{G_{I_c}} \geqslant 1$ 当 $\dfrac{G_{II}}{G_I} < \dfrac{\dfrac{1}{\zeta} G_{I_c} + G_{II_c}}{G_{I_c} + \xi G_{II_c}}$ 时, $\dfrac{\zeta G_{II} - G_I}{\zeta G_{II_c}} \geqslant 1$	ξ, ζ : 线性曲线拟合
1996 年 B-K	$G_T \geqslant G_{I_c} + (G_{I_c} - G_{I_c}) \left[G_{II}/(G_I + G_{II})\right]^\eta$	η : 曲线拟合
2007 年 Davidson-Zhao	当 $0 \leqslant \dfrac{G_{II}}{G} \leqslant Z$ 时, $G_T \geqslant \dfrac{G_{I_c}}{1 - (1 + \xi)(G_{II}/G_T)}$ 当 $Z \leqslant \dfrac{G_{II}}{G} \leqslant 1$ 时, $G_T \geqslant \dfrac{\zeta G_{II_c}}{(1 + \zeta)(G_{II}/G_T) - 1}$	ξ, ζ : 通过 G_C 在 DCB,ENF 中的数据以及试验中用到的另一个模式混合之比, Z 取 0.4 时线性曲线拟合得来

8.2　复合材料胶接修理结构数值计算策略

在基于连续损伤力学的 FEM 模型中,有两类材料的损伤:复合材料与胶。对于复合材料损伤,其胶接修理结构数值计算策略采用基于应变的 3D Hashin 准则。对于胶层的损伤,采用基于 D-B 模型的内聚力方法。

8.2.1　复合材料层内损伤起始及扩展

Lee 和 Huang 指出,在材料进入塑性阶段,局部点的刚度系数退化后,应力分布可能变得混乱且不会继续增大,因此下一个增量步不会产生更多的破坏,应变分布较应力来说是连续和光滑的,是判断破坏更为适合的一个量。因此,我们采用基于应变的 3D Hashin 准则来研究斜胶接结构的复合材料损伤及扩展。其破坏模型如图 8 - 3 所示。

基于应变的 3D Hashin 准则由 Lee 和 Huang 修正给出。

纤维拉伸模式 $\varepsilon_{11} > 0$:

$$f_1 = \left(\frac{\varepsilon_{11}}{X_T^\varepsilon}\right)^2 + \left(\frac{\varepsilon_{12}}{S_{12}^\varepsilon}\right)^2 + \left(\frac{\varepsilon_{13}}{S_{13}^\varepsilon}\right)^2 \tag{8-1}$$

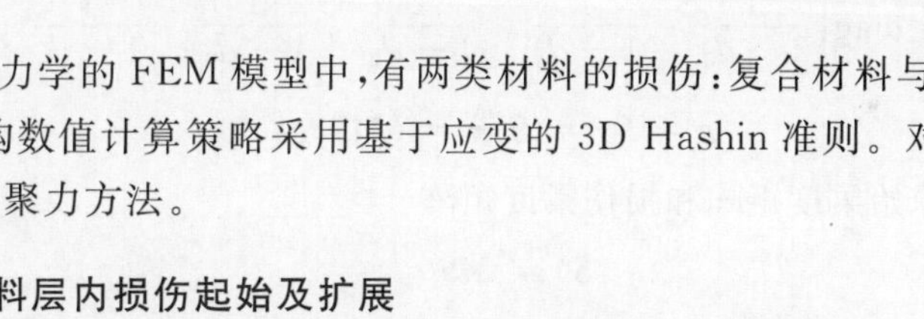

图 8 - 3　3D Hashin 破坏面模型

纤维压缩模式 $\varepsilon_{11} < 0$：

$$f_1 = \frac{|\varepsilon_{11}|}{X_C^\varepsilon} \tag{8-2}$$

基体拉伸模式 $\varepsilon_{22} + \varepsilon_{33} > 0$：

$$f_2 = \left(\frac{\varepsilon_{22} + \varepsilon_{33}}{Y_T^\varepsilon}\right)^2 + \frac{1}{S_{23}^{\varepsilon\,2}}\left(\varepsilon_{23}^2 - \frac{E_{22}E_{33}}{G_{23}^2}\varepsilon_{22}\varepsilon_{33}\right) + \left(\frac{\varepsilon_{12}}{S_{12}^\varepsilon}\right)^2 + \left(\frac{\varepsilon_{13}}{S_{13}^\varepsilon}\right)^2 \tag{8-3}$$

基体压缩模式 $\varepsilon_{22} + \varepsilon_{33} < 0$：

$$f_2 = \left(\frac{E_{22}\varepsilon_{22} + E_{33}\varepsilon_{33}}{2G_{12}S_{12}^\varepsilon}\right)^2 + \frac{\varepsilon_{22} + \varepsilon_{33}}{Y_C^\varepsilon}\left[\left(\frac{E_{22}Y_C^\varepsilon}{2G_{12}S_{12}^\varepsilon}\right)^2 - 1\right] +$$

$$\frac{1}{S_{23}^{\varepsilon\,2}}\left(\varepsilon_{23}^2 - \frac{E_{22}E_{33}}{G_{23}^2}\varepsilon_{22}\varepsilon_{33}\right) + \left(\frac{\varepsilon_{12}}{S_{12}^\varepsilon}\right)^2 + \left(\frac{\varepsilon_{13}}{S_{13}^\varepsilon}\right)^2 \tag{8-4}$$

Kachanov 最初提出，损伤的影响可通过减小一个所谓的刚度系数值来实现。这里我们采用 Matzenmiller 和 Lapczyk 的方法来计算正交各向异性材料刚度矩阵的折减系数。有效应力 $\hat{\boldsymbol{\sigma}}$ 和名义应力 $\boldsymbol{\sigma}$ 的关系为

$$\hat{\boldsymbol{\sigma}} = \boldsymbol{M}\boldsymbol{\sigma} = \boldsymbol{C}^d\boldsymbol{\varepsilon} \tag{8-5}$$

式中，$\boldsymbol{M}$，$\boldsymbol{C}^d$，$\boldsymbol{\varepsilon}$ 和分别代表损伤运算向量、损伤刚度矩阵及应变向量。

$$\boldsymbol{\sigma} = \begin{bmatrix} \sigma_{11} & \sigma_{22} & \sigma_{33} & \tau_{23} & \tau_{31} & \tau_{12} \end{bmatrix}^T \tag{8-6}$$

$$\boldsymbol{\varepsilon} = \begin{bmatrix} \varepsilon_{11} & \varepsilon_{22} & \varepsilon_{33} & \gamma_{23} & \gamma_{31} & \gamma_{12} \end{bmatrix}^T \tag{8-7}$$

$$\boldsymbol{M} = \text{diag}\left[\frac{1}{1-d_1} \quad \frac{1}{1-d_2} \quad \frac{1}{1-d_3} \quad \frac{1}{1-d_4} \quad \frac{1}{1-d_5} \quad \frac{1}{1-d_6}\right] \tag{8-8}$$

$$\boldsymbol{\varepsilon} = \boldsymbol{S}\boldsymbol{\sigma} = \boldsymbol{S}^d\hat{\boldsymbol{\sigma}} = (\boldsymbol{M}\boldsymbol{S})\boldsymbol{\sigma} \tag{8-9}$$

式中，$\boldsymbol{S}$ 和 $\boldsymbol{S}^d$ 代表原始柔度矩阵和损伤柔度矩阵。

$$\boldsymbol{S}^d = \boldsymbol{M}\boldsymbol{S} \tag{8-10}$$

$$\boldsymbol{S} = \begin{bmatrix} 1/E_1 & -\nu_{21}/E_2 & -\nu_{31}/E_3 & & & \\ -\nu_{12}/E_1 & 1/E_2 & -\nu_{32}/E_3 & & & \\ -\nu_{13}/E_1 & -\nu_{23}/E_2 & 1/E_3 & & & \\ & & & 1/G_{23} & & \\ & & & & 1/G_{31} & \\ & & & & & 1/G_{12} \end{bmatrix} \tag{8-11}$$

因此，$\boldsymbol{C}^d$ 可由 $\boldsymbol{C}^d = [\boldsymbol{S}^d]^{-1} = [\boldsymbol{M}\boldsymbol{S}]^{-1}$ 形式给出。

$$\boldsymbol{C}^d = \frac{1}{\Delta}\begin{bmatrix} C_{11} & C_{12} & C_{13} & & & \\ C_{21} & C_{22} & C_{23} & & & \\ C_{31} & C_{32} & C_{33} & & & \\ & & & C_{44} & & \\ & & & & C_{55} & \\ & & & & & C_{66} \end{bmatrix} \tag{8-12}$$

式中，$C_{ij} = C_{ji}$ 且

$$\Delta = 1 - (1-d_1)(1-d_2)\nu_{12}\nu_{21} - (1-d_1)(1-d_3)\nu_{13}\nu_{31} - (1-d_2)(1-d_3)\nu_{23}\nu_{32} -$$
$$2(1-d_1)(1-d_2)(1-d_3)\nu_{12}\nu_{23}\nu_{31}$$

$$C_{11} = (1-d_1)E_1 + (1-d_1)(1-d_2)(1-d_3)E_1\nu_{23}\nu_{32}$$

$$C_{22} = (1-d_2)E_2 + (1-d_1)(1-d_2)(1-d_3)E_2\nu_{13}\nu_{31}$$

$$C_{33} = (1-d_3)E_3 + (1-d_1)(1-d_2)(1-d_3)E_3\nu_{12}\nu_{21}$$

$$C_{23} = (1-d_2)(1-d_3)E_3\nu_{23} + (1-d_1)(1-d_2)(1-d_3)E_3\nu_{13}\nu_{21}$$

$$C_{13} = (1-d_1)(1-d_3)E_3\nu_{13} + (1-d_1)(1-d_2)(1-d_3)E_3\nu_{12}\nu_{23}$$

$$C_{12} = (1-d_1)(1-d_2)E_2\nu_{12} + (1-d_1)(1-d_2)(1-d_3)E_2\nu_{13}\nu_{32}$$

$$C_{44} = (1-d_4)\Delta \cdot G_{23}$$

$$C_{55} = (1-d_5)\Delta \cdot G_{31}$$

$$C_{66} = (1-d_6)\Delta \cdot G_{12}$$

这里，我们采用 Falzon 推荐的折减方法：

$$d_i(\varepsilon) = \frac{\varepsilon_i^f}{\varepsilon_i^f - \varepsilon_i^o}\left(1 - \frac{\varepsilon_i^o}{\varepsilon_i}\right) \tag{8-13}$$

式中：ε_i^o 为损伤起始应变；ε_i^f 为最终断裂时的应变。

损伤应变与断裂能量 G_c、材料强度 σ_0 及单元特征长度 L_c 有关：

$$\varepsilon^f = \frac{2G_c}{\sigma_0 L_c} \tag{8-14}$$

Bazant 和 Oh 提出如下计算公式：

$$L_c = \frac{\sqrt{A_{IP}}}{\cos\theta} ; |\theta| = 45° \tag{8-15}$$

式中：A_{IP} 是材料积分点所控制的面积；θ 是裂纹方向和单元边的夹角。

8.2.2　复合材料层间以及胶层的损伤起始与扩展

内聚力模型（Cohesive Zone Model，CZM）基于 D-B 模型，其假设裂纹尖端周围有一个非常小的塑性区域，如图 8-4 所示。CZM 单元则代表该塑性区域，但不需要预置初始裂纹。图 8-5 给出了内聚力单元物理过程。

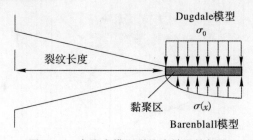

图 8-4　内聚力模型裂纹尖端塑性假设

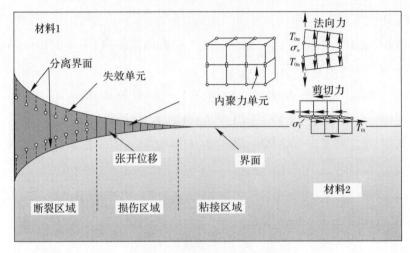

图 8-5　内聚力单元物理过程

如图 8-6 所示,CZM 单元可承受法向力和两个剪切力。因此,就有三个方向上的变形和应变。

$$\varepsilon_n = \frac{\delta_n}{T_0}, \varepsilon_s = \frac{\delta_s}{T_0}, \varepsilon_t = \frac{\delta_t}{T_0} \tag{8-16}$$

$$\delta_m = \sqrt{\delta_s^2 + \delta_t^2 + \langle \delta_n \rangle^2} = \sqrt{\delta_{shear}^2 + \langle \delta_n \rangle^2} \tag{8-17}$$

式中:δ_m 为等效位移;T_0 为 CZM 单元的厚度。各方向位移见图 8-7 混合型断裂准则的示意图。

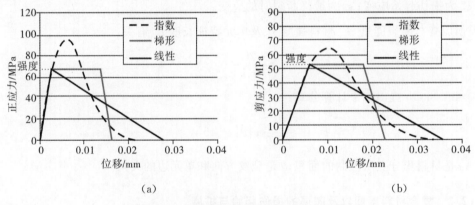

(a)　　　　　　　　　　　　　　　(b)

图 8-6　指数、梯形、线性应力-位移准则

(a)正应力;(b)剪应力

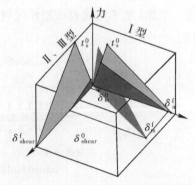

图 8-7　内聚力单元混合型断裂折减准则的示意图

假设内聚力单元是各向同性的,且两个剪切方向的强度是相等的,则

$$K = E/T_0 \tag{8-18}$$

CZM 单元的本构关系如下:

$$t = \begin{bmatrix} t_n \\ t_s \\ t_t \end{bmatrix} = \begin{bmatrix} K_{nn} & K_{ns} & K_{nt} \\ K_{ns} & K_{ss} & K_{st} \\ K_{nt} & K_{st} & K_{tt} \end{bmatrix} \begin{bmatrix} \varepsilon_n \\ \varepsilon_s \\ \varepsilon_t \end{bmatrix} = \boldsymbol{K\varepsilon} \tag{8-19}$$

CZM 单元的破坏过程可分为两步:损伤起始和损伤扩展(或减聚过程)。损伤扩展见式 (8-20)~式(8-23),其中 D 为折减系数。

$$t_n = \begin{cases} (1-D)\bar{t}_n, & \bar{t}_n \geqslant 0 \\ \bar{t}_n, & \bar{t}_n < 0 \text{(无损伤)} \end{cases} \tag{8-20}$$

$$t_s = (1-D)\bar{t}_s \tag{8-21}$$

$$t_t = (1-D)\bar{t}_t \tag{8-22}$$

$$D = \frac{\delta_m^f(\delta_m^{\max} - \delta_m^o)}{\delta_m^{\max}(\delta_m^f - \delta_m^o)} \tag{8-23}$$

因此,胶层混合模式断裂可以转化为求解损伤起始等效位移 δ_m^o 和损伤终止位移 δ_m^f。损伤起始准则包括最大应力准则、最大应变准则、二次失效准则等。这里采用二次失效准则,该准则认为压缩的法向牵引力不导致 CZM 单元破坏,即

$$\left(\frac{\langle t_n \rangle}{t_n^o}\right)^2 + \left(\frac{t_s}{t_s^o}\right)^2 + \left(\frac{t_t}{t_t^o}\right)^2 = 1 \tag{8-24}$$

$$\delta_m^o = \begin{cases} \delta_n^o \delta_s^o \sqrt{\dfrac{1+\beta^2}{(\delta_s^o)^2 + (\beta\delta_n^o)^2}}, & \delta_n > 0 \\ \delta_{shear}^o, & \delta_n \leqslant 0 \end{cases} \tag{8-25}$$

式中,β 代表混合比。

$$\beta = \frac{\delta_{shear}}{\delta_n} \tag{8-26}$$

混合模式加载情况下,应用最广的预测分层扩展准则就是基于能量释放率的幂指数准则。

$$\left(\frac{G_n}{G_{IC}}\right)^\alpha + \left(\frac{G_s}{G_{IIC}}\right)^\alpha + \left(\frac{G_t}{G_{IIIC}}\right)^\alpha = 1 \tag{8-27}$$

式中,G_{IC} 为 I 型断裂韧性,G_{IIC} 为 II 型断裂韧性,$G_{IIIC} = G_{IIC}$。假设 $\alpha = 1$。

由式(8-28)可得 δ_m^f。

$$\delta_m^f = \begin{cases} \dfrac{2(1+\beta^2)}{K\delta_m^o} \left[\left(\dfrac{1}{G_{IC}}\right)^\alpha + \left(\dfrac{\beta^2}{G_{IIC}}\right)^\alpha\right]^{-1/\alpha}, & \delta_n > 0 \\ \sqrt{(\delta_s^f)^2 + (\delta_t^f)^2}, & \delta_n \leqslant 0 \end{cases} \tag{8-28}$$

8.3　算　　例

8.3.1　算例 1——复合材料楔形修补结构拉伸数值模拟

该算例采用复合材料楔形修补结构的拉伸试验进行对比验证,如图 8-8 所示。其中,复

合材料、胶层的力学属性见表 8 - 12、表 8 - 13 和表 8 - 14。

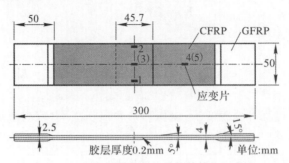

图 8 - 8　复合材料楔形修补拉伸结构示意图

表 8 - 12　T700/LT03A 与 FM73M 的力学属性

材　料	E_{11}/GPa	$E_{22}(E_{22}=E_{33})$/GPa	ν	$G_{12}(G_{12}=G_{23}=G_{13})$/GPa	$\rho/(\text{kg} \cdot \text{m}^{-3})$
T700/LT03A	128	8.46	0.322	3.89	1 560
FM73M	2.27	0.35	0.84	1 200	

表 8 - 13　T700/LT03A 和 FM73 的强度属性　　　　单位：MPa

材　料	X_T	X_C	Y_T	Y_C	Z_T	S_{12}	S_{13}/S_{23}
T700/LT03A	2372	1234	50	178	50	107	80.7
FM73M					7.3		46.1

表 8 - 14　T700/LT03A 和 FM73 的断裂属性　　　　单位：mJ/mm²

材　料	G_{1c}	G_{2c}	G_{3c}	G_{ft}	G_{fc}	G_{mt}	G_{mt}
T700/LT03A				91.6	79.9	0.22	1.1
FM73M	0.9	1.8	1.8				

　　使用 Abaqus 软件进行建模，有限元模型含有复合材料单元、胶层单元，如图 8 - 9 所示。复合材料网格单元型式为 C3D8R 和 C3D6R，单元尺寸为 0.72 mm×0.72 mm×0.125 mm。胶层网格单元型式为 COH3D8，尺寸是 0.73 mm×0.72 mm×0.125 mm。

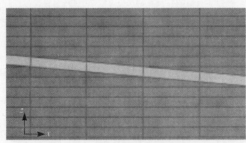

图 8 - 9　斜胶接区域单元划分

　　首先进行模型的网格收敛性分析工作，CDM（Continuum Damage Mechanics，连续介质损伤力学）方法与试验的应力-应变曲线对比如图 8 - 10（彩图见彩插）所示，结果显示 0.72 mm×0.72 mm×0.125 mm 的网格尺寸具有较好的收敛性和稳定性，因此本模型选用此网格尺寸作为拉伸数值模拟的单元尺寸。从曲线可知，CDM 与试验结果有良好的一致性。

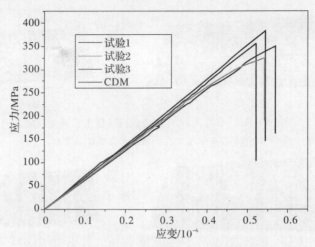

图 8-10　CDM 与试验的应力-应变曲线对比

CDM 计算出结构损伤起始与演化扩展的过程,如图 8-11~图 8-15 所示。损伤起始与扩展过程如下:

(1)起始损伤表现为复合材料 90°层基体开裂,发生在 58% 极限载荷,如图 8-11 (a) 所示,而此时从图 8-11(b)来看,胶层并未发生破坏;

(2)70% 极限载荷下,该 90°层基体开裂损伤发生了扩展,如图 8-12(a)所示,并且胶层的损伤系数增大,如图 8-12(b)所示;

(3)80% 极限载荷下,该 90°层基体开裂损伤发生了进一步扩展,由原来的一层增至三层,如图 8-13(a)所示,此时胶层仍未发生破坏,如图 8-13(b)所示;

(4)载荷增大到 95% 极限载荷时,新的基体开裂损伤出现在了 45°层,如图 8-14(a)所示,此时胶层仍未发生破坏,如图 8-14(b)所示;

(5)最终破坏即 100% 极限载荷时,如图 8-15 所示,胶层断裂不能传递或承担更大载荷,载荷突降至 0,说明复合材料胶接修理结构完全失效,整个损伤破坏过程结束。

图 8-11~图 8-15 的彩图见彩插。

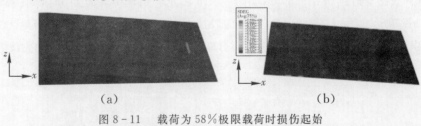

（a）　　　　　　　　　　　　　　　（b）

图 8-11　　载荷为 58% 极限载荷时损伤起始

（a）90°层基体开裂;（b）胶层损伤系数(未损伤)

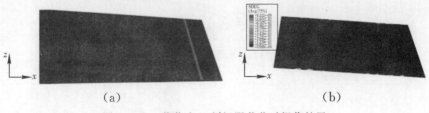

（a）　　　　　　　　　　　　　　　（b）

图 8-12　　载荷为 70% 极限载荷时损伤扩展

（a）90°层基体开裂;（b）胶层损伤系数(未损伤)

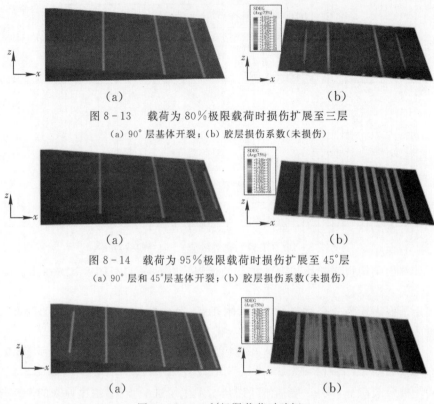

图 8-13　载荷为 80％极限载荷时损伤扩展至三层

(a) 90°层基体开裂；(b) 胶层损伤系数(未损伤)

图 8-14　载荷为 95％极限载荷时损伤扩展至 45°层

(a) 90°层和 45°层基体开裂；(b) 胶层损伤系数(未损伤)

图 8-15　100％极限载荷时破坏

(a) 90°层和 45°层基体开裂 ;(b) 胶层损伤系数(接近破坏)

8.3.2　算例 2——复合材料楔形胶接修理结构冲击数值模拟

对与算例 1 相同的结构和材料进行冲击数值模拟。冲击有限元模型包括冲头、支座、压头、复合材料胶接修理结构 4 个部分,如图 8-16 所示。由图 8-16 可知,该有限元模型主要包括层内 3D 单元、层间 CZM 单元以及斜面胶层 CZM 单元。复合材料层内单元为 8 节点六面体减缩积分单元及 6 节点五面体减缩积分单元。层间单元与胶层单元均为 8 节点内聚力 CZM 单元。

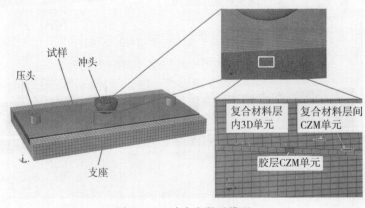

图 8-16　冲击有限元模型

如图 8-17 和 8-18 所示,数值模拟结果冲击载荷-时间与试验结果吻合较好。数值模拟结果显示,8 J 和 25 J 冲击能量下的第一个冲击载荷降是由复合材料分层导致的,25 J 冲击能量下的第二个载荷降则是斜面胶层损伤引起。在整个冲击过程中,复合材料损伤肯定包含了基体开裂,但应变能的耗散或者释放主要依靠复合材料的分层。由数值模拟可知,较低能量冲击(≤23 J)过程中,材料损伤顺序可分为 3 个阶段,即分层起始、分层扩展和分层无扩展;较高能量冲击(>23 J)时,材料损伤顺序可被 t_1, t_2, t_3, t_4 分为 5 个阶段,即分层起始、分层扩展、分层无扩展、胶层损伤起始、无胶层损伤扩展。

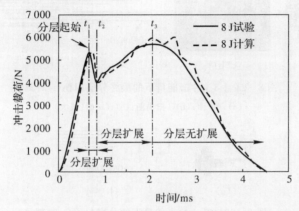

图 8-17　8 J 冲击能量的数值模拟与试验测量冲击载荷-时间关系

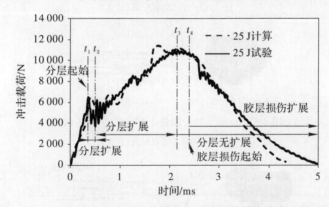

图 8-18　25 J 冲击能量的数值模拟与试验测量冲击载荷-时间关系

这些关键转折点将冲击过程分为不同阶段,实际上都是结构内部发生了变化引起的。最为关键的两个点是第一个载荷降和第二个载荷降,第一个载荷降由分层引起,第二个载荷降由胶层破坏引起。具体的不同冲击能量各种损伤如图 8-19～图 8-26(彩图见彩插)所示。

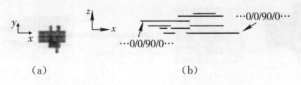

（a）　　　　　　　　（b）

图 8-19　8 J 冲击能量下的分层起始(t_1 时刻)

(a)xOy 面;(b)xOz 面(放大)

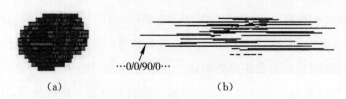

(a)　　　　　　　　　　　　　　(b)

图 8-20　　8 J 冲击能量下的分层扩展(t_2时刻)

(a)xOy面;(b)xOz面(放大)

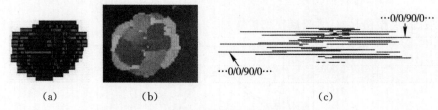

(a)　　　　　　(b)　　　　　　　　　　　　(c)

图 8-21　　8 J 冲击能量下的最终分层损伤(t_3时刻)

(a)xOy面;(b)C扫描图;(c)xOz面(放大)

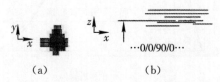

(a)　　　　　　　　　(b)

图 8-22　25 J 冲击能量下的分层起始(t_1时刻)

(a)xOy面;(b)xOz面(放大)

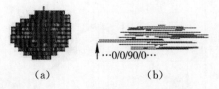

(a)　　　　　　　　　(b)

图 8-23　25 J 冲击能量下的分层扩展(t_2时刻)

(a)xOy面;(b)xOz面(放大)

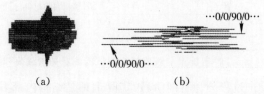

(a)　　　　　　　　　(b)

图 8-24　25 J 冲击能量下的分层扩展(t_2—t_3时刻)

(a)xOy面;(b)xOz面(放大)

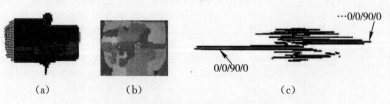

(a)　　　　　　(b)　　　　　　　　　(c)

图 8-25　25 J 冲击能量下的最终分层损伤(t_3时刻)

(a)xOy面;(b)C扫描图;(c)xOz面(放大)

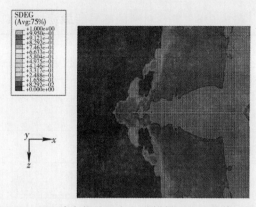

图 8-26　25 J 冲击能量下在 t_4 时刻斜面胶层最终破坏情况

8.3.3　算例 3——复合材料阶梯修理结构冲击数值模拟

对典型阶梯式胶接修理结构进行数值模拟考核验证。复合材料的力学属性见表 8-15～表 8-18,包含 CFRP 和胶的工程弹性常数、层间刚度、层间强度以及临界断裂韧性。层间临界断裂韧性由Ⅰ型和Ⅱ型断裂韧性试验获得。胶层的断裂韧性实际上是由数值模拟结果与试验结果进行对比反演得出的。复合材料密度为 1 560 kg/m³,胶的密度是 1 280 kg/m³。

为了模拟冲击失效过程,基于连续损伤力学的有限元方法被采用,复合材料阶梯胶接修理结构冲击有限元模型如图 8-27 所示。复合材料阶梯胶接修理结构由两个钢块支撑,并由两个钢制压头固定。冲头冲击位置为试样正中心。所有的接触面都采用硬接触并有摩擦力。冲击能量由冲头的速度和质量决定和控制。结构胶层通过零厚度内聚力单元 CZM 进行描述。如图 8-28 所示,冲击模型包含层间 CZM 单元、层内单元、胶层 CZM 单元。CZM 单元尺寸为 1 mm×1 mm。每一层的层内单元在厚度方向布置一个,采用的是 8 节点六面体单元,其尺寸为 1 mm×1 mm×0.2 mm,假设 $G_{\text{Ⅲc}} = G_{\text{Ⅱc}}$, $\alpha = 1$。

表 8-15　复合材料的弹性常数

材料	E_{11}/GPa	E_{22}/GPa	E_{33}/GPa	G_{12}/GPa	G_{23}/GPa	G_{13}/GPa	μ_{12}	μ_{23}	μ_{13}
CFRP	140	9	9	1.6	3.08	4.6	0.32	0.38	0.32
胶膜	3			1			0.33		

表 8-16　复合材料层间力学属性

类型	E/GPa	G/GPa	V
层间	3.2	1.2	0.32

表 8-17　复合材料及胶膜的强度和断裂属性

材料	X_T/MPa	X_C/MPa	Y_T/MPa	Y_C/MPa	Z_T/MPa	S/MPa
CFRP	1 760	1 100	51	130	51	70
胶膜	41		41		41	30

表 8-18　复合材料的临界断裂韧性参数　　　　　　　单位:J/mm²

材料组分	G_T	G_C	G_{Ic}	G_{IIc}	G_{IIIc}
纤维	91.6	79.9			
基体	1	1.1			
层间			1	1	1
胶膜			1	1	1

对冲击能量 3 J 和 4 J 分别作了网格收敛性分析,三种网格尺寸的冲击载荷-时间曲线如图 8-29 所示。选取内聚力单元最小尺寸为研究对象,分别对三种尺寸 1 mm、2 mm 和 5 mm 进行了分析。冲击响应中最主要的一个因素冲击载荷可以明显地反映出材料的损伤。网格是否收敛可针对冲击载荷进行对标,冲击载荷收敛即认为网格收敛。由分析结果可知,当网格最小尺寸达到 1 mm 时,冲击载荷-时间曲线接近收敛。同时,可以从损伤得知,网格大了会导致胶层提前破坏,这是载荷突降的原因,但从试验结果可知载荷没有突降,因此这是与真实结果相违背的,所以是不收敛的,直到载荷不降时,网格尺寸才为收敛尺寸。

以上的冲击有限元模型被用于分析不同冲击能量的情况,冲击载荷-时间曲线如图 8-30 和图 8-31 所示。

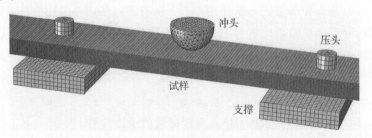

图 8-27　复合材料阶梯胶接修理结构冲击有限元模型

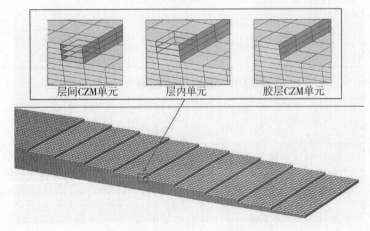

图 8-28　冲击模型单元的详细说明

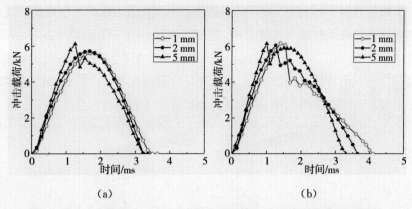

图 8-29　冲击能量为 3 J 和 4 J 时三种网格尺寸的冲击载荷-时间曲线

(a)3 J；(b)4 J

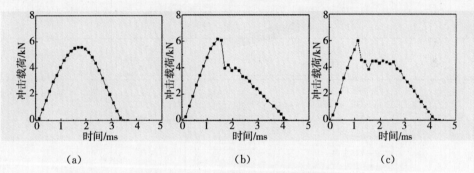

图 8-30　冲击能量为 3 J，4 J 和 5 J 时数值模拟冲击载荷-时间曲线

(a)3 J；(b)4 J；(c)5 J

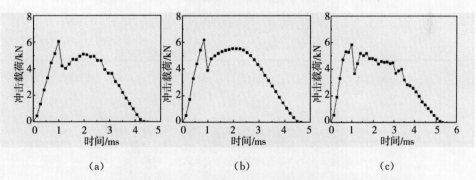

图 8-31　冲击能量为 6 J，8 J 和 10 J 时数值模拟冲击载荷-时间曲线

(a)6 J；(b)8 J；(c)10 J

复合材料层内损伤包含纤维压缩损伤、基体拉伸损伤、基体压缩损伤。冲击能量为 3 J 时，只有基体损伤而没有出现纤维断裂，层内损伤很少，因此对冲击载荷影响不大，冲击载荷-时间曲线表现为抛物线形状。当冲击能量增大至 4 J，出现了纤维压缩损伤和胶层损伤，基体损伤较 3 J 时更大。纤维断裂并不是导致载荷降的原因，而是 1.68 ms 胶层出现损伤导致载荷突降。

对冲击能量为 8 J 的情况进行了数值模拟，数值计算冲击载荷-时间曲线如图 8-32(彩图见彩插)所示。由图可知，0.98 ms 时刻发生了第一个载荷降，不同时刻对应的胶层破坏情况也在图中显示，其中胶层损伤出现在第二台阶到第五台阶。在载荷降完成之后，冲击载荷逐渐爬升至第二个峰值,时刻为 2.52 ms,胶层损伤较第一个峰值出现的胶层损伤扩展并不多。 复合材料的层内损伤出现了纤维与基体损伤。图 8 - 33 给出了 8 J 能量冲击下的层内损伤。图 8 - 34(彩图见彩插)给出了 8 J 能量冲击下的胶层损伤。除了胶层损伤,复合材料分层也是主要的破坏模式之一。由计算可知,局部分层出现在胶层损伤之前。因此,数值模拟的优势是可以捕捉冲击过程不同时刻的内部损伤,弥补试验观测能力的不足。

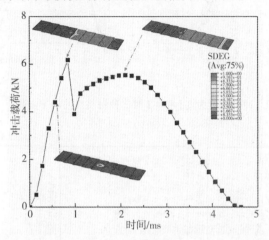

图 8 - 32 冲击能量为 8 J 时的数值模拟结果(冲击载荷-时间曲线)

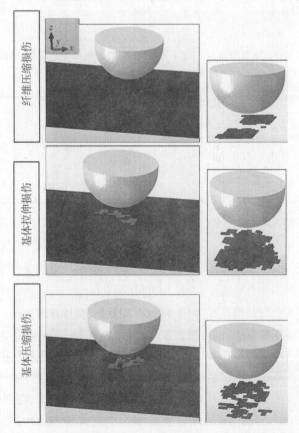

图 8 - 33 冲击能量为 8 J 时的数值模拟复合材料层内损伤

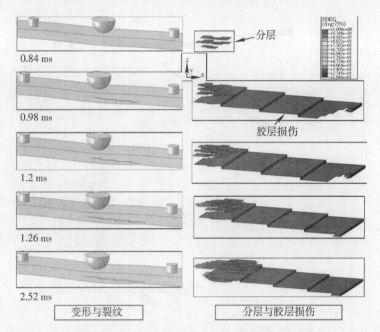

图 8-34　冲击能量为 8 J 时的数值模拟的胶层开裂与复合材料分层的扩展

8.3.4　算例 4——复合材料阶梯修理结构弯曲数值模拟

对如上阶梯胶接修理结构进行了三点弯曲(3pb)和四点弯曲(4pb)的数值模拟分析,并与试验结果进行了对比,吻合较好。三点弯曲和四点弯曲跨距为 210 mm 和 100 mm 两种。载荷-位移曲线和胶层损伤演化过程如图 8-35~图 8-40(彩图见彩插)所示。数值模拟给了我们更多的关于材料内部破坏的信息,比如最早失效的是胶层竖直台阶处,然后扩展至水平台阶。在整个加载过程中,纤维与基体损伤非常少,胶层损伤与破坏占主导,分层发生在胶层损伤之后。对于三点弯曲,弯曲与剪切比随跨度增大而增大。四点弯曲中间段承受纯弯矩,跨度对分层影响比较小。

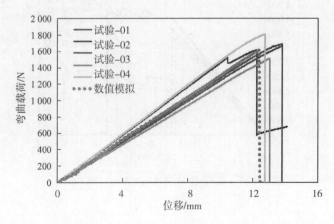

图 8-35　数值模拟与试验载荷-位移曲线对比(3pb,210 mm 跨距)

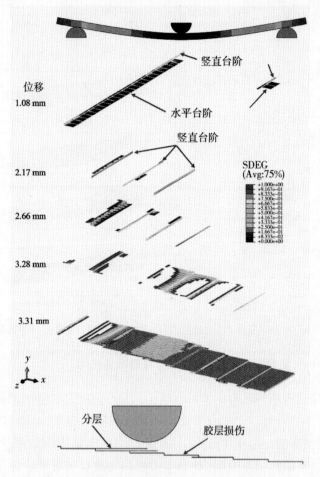

图 8-36 数值模拟胶层损伤演化过程（3pb，210 mm）

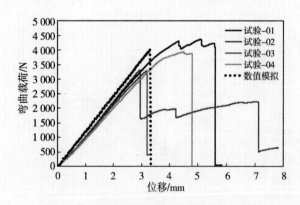

图 8-37 载荷-位移曲线对比（3pb，100 mm）

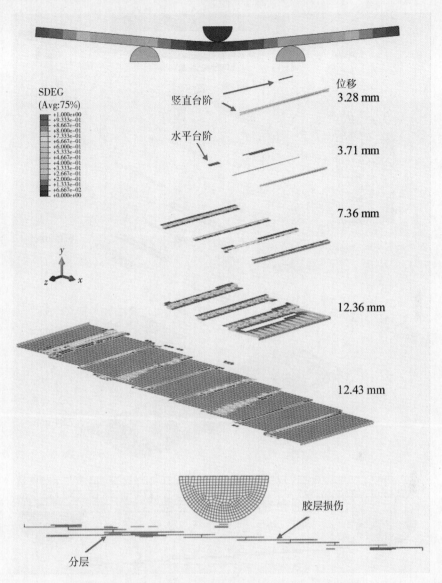

图 8 - 38　数值模拟的损伤演化过程（3pb，100 mm 跨距）

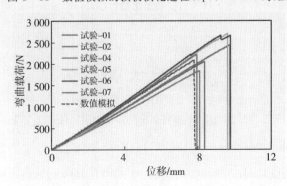

图 8 - 39　载荷-位移曲线对比（4pb，100 mm 跨距）

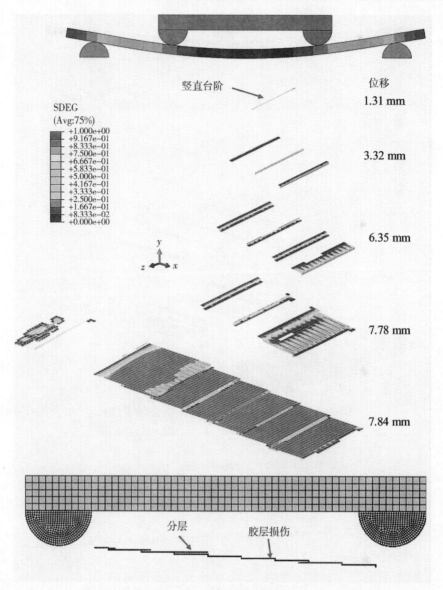

图 8-40 数值模拟的损伤演化过程（4pb，100 mm 跨距）

参考文献

[1]　BARENBLATT G I. Mathematical theory of equilibrium cracks in brittle failure[J]. Advances in Applied Mechanics，1962(7)：100-104.

[2]　LEE Y J，HUANG C H. Ultimate strength and failure process of composite laminated plates subjected to low-velocity impact [J]. Journal of Reinforced Plastics and Composites，2003，22：1059-1080.

[3] KACHANOV L M . On the time to failure under creep conditions[J]. Izv. Akad. Nauk. ANSSSR Otd. Tekhn. Nauk. , 1958 (8):26 – 31.

[4] MATZENMILLER A J. Lubliner R L. Taylor A constitutive model for anisotropic damage in fiber-composites[J]. Mechanics of Material, 1995, 20:125 – 52.

[5] LAPCZYK I, HURTADO J A. Progressive damage modeling in fiber-reinforced materials[J]. Composites Part A(Applied Science and Manufacturing), 2007,38: 2333 – 2341.

[6] FALZON B G, FAGGIAN A . Predicting low-velocity impact damage on a stiffened composite panel[J]. Composite Part A(Applied Science and Manufacturing), 2010,41: 737 – 749.

[7] BAZANT Z P, OH B H. Crack band theory for fracture of concrete[J]. Materials and Structures, 1983,16:155 – 177.

[8] FAN X L, XU R, ZHANG W X, et al. Effect of periodic surface cracks on the interfacial fracture of thermal barrier coating system [J]. Applied Surface Science, 2012,258: 9816 – 9823.

[9] SCHWAIBE K H, SCHEIDER I, CORNEC A. Guidelines for applying cohesive models to the damage behavior of engineering materials and structures[M]. Berlin:Springer, 2013.

[10] RIDHA M, TAN V B C, TAY T E. Traction-Separation laws for progressive failure of bonded scarf repair of composite panel [J]. Composite Structures, 2011,93: 1239 – 1245.

[11] PINTO A M G, CAMPILHO R D S G,DE MOURA M F S F, et al. Numerical evaluation of three-dimensional scarf repairs in carbon-epoxy structures [J]. International Journal of Adhesion & Adhesive, 2010,30: 329 – 337.

[12] CAMPILHO R D S G,DE MOURA M F S F, DOMINGUES J M S. Stress and failure analyses of scarf repaired CFRP laminates using a cohesive damage model[J]. Journal of Adhesion Science and Technology, 2007,21: 855 – 870.

[13] 刘斌,徐绯,菊池正纪,等.斜胶接 CFRP 的冲击损伤容限研究[J].固体火箭技术,2015, 38: 870 – 876.

[14] LIU B,XU F. Experiment and design methods of composite scarf repair for primary – load bearing structures[J]. Composites Part A: Applied Science and Manufacturing, 2016,88: 27 – 38.

[15] LIU B, XU F. Study on impact damage mechanisms and TAI capacity for the com-

posite scarf repair of the primary load – bearing level[J]. Composite Structures，2017，181：183 – 193.

[16]　LIU B，HAN Q，ZHONG X P，et al. The impact damage and residual load capacity of composite stepped bonding repairs and joints[J]. Composites Part B：Engineering，2019,158(1)：339 – 351.

[17]　HAN Q，LIU B，XIE W. The tension failure mechanisms of composite stepped bonding repairs and joints for the aircraft primary load – bearing structures[J]. Journal of Adhesion Science and Technology，2019,33(7)：675 – 690.

[18]　LIU B，YAN R. Damage mechanism and residual strength at different impact locations for composite bonding scarf repairs[J]. Journal of Adhesion Science and Technology，2018,32(23)：2523 – 2536.

[19]　LIU B，GAO N Y，TANG B S，et al. Progressive damage behaviors of the stepped—lap composite joints under bending load[J]. Journal of Composite Materials，2020,54(14)：1875 – 1887.

第 9 章 飞机结构复合材料修理新进展

虽然复合材料修理是一个老话题,但每年几乎都有新的技术发展,使得这门技术得以持续更新并广泛应用。如今,复合材料修理技术已不止应用于航空领域,在其他领域也逐渐大量应用,如石油管道、桥梁、汽车和建筑等。

为了节省时间和经济资源,研究者们开发出了一种标准硬补片方法,补片根据具体修补位置量身定制、随时可用,且标准补片的质量可控可检,不需要冷藏设备等,特别适用于战时快速修理,也适合民机结构快速修理。随着机器人技术的发展,使用机器人代替人的思想一直没有停止,人们一直努力尝试设计一种可以代替人工的修补机器人,它可以自动打磨、表面处理、铺贴固化补片,消除人员差别带来的修理质量问题,目前这方面已有很快的发展。针对复合材料层间韧性低的缺点,如何给金属或复合材料原结构打上一块层间性能好的复合材料补片是一个挑战,部分研究者们也在尝试使用纳米材料增韧补片的层间性能,使其能抵抗冲击、疲劳,经受住环境的考验。对于存在大量补片的现代飞机而言,要想实时了解补片在机体上工作状态如何,需要开发一种可被监控的智能补片,这种智能补片借助于先进传感器和计算机系统,也是未来飞机等复合材料修理的一个发展趋势。因此,如图 9-1 所示,未来飞机结构复合材料修理趋向于"五化"——快速化(虚拟仿真、压缩设计分析周期)、标准化(补片标准化、工艺标准化)、自动化(机器人自动修理)、智能化(系统中智能、可实时监控结构)、强韧化(补片损伤容限、疲劳强度高)。

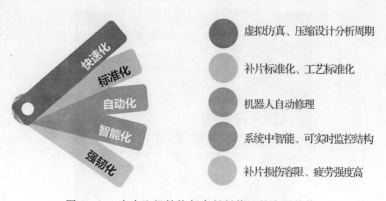

图 9-1 未来飞机结构复合材料修理的发展趋势

9.1 复合材料标准补片

目前连续纤维复合材料在航空、航天领域使用较为广泛,具有比刚度和比强度较高、抗疲劳、耐腐蚀的优点,在波音 787 结构用量达到 50% 以上。连续纤维复合材料作为飞机表面结构的材料,在受到冲击等服役载荷时容易产生不可见和可见损伤,大大降低了所用结构的承载能力,需及时修复。特别是民机对压缩停场时间的迫切需求,以及军用飞机战时对作战效率的强烈要求,对复合材料结构修理的快速化提出新的挑战。

传统的修复方法是对损伤区域进行打磨后,将预浸料或修复材料一层一层地铺贴,然后就地固化成型。这种方法有以下两方面缺点:

(1)对外场设备、人员、环境要求高,成本较大,尤其是在军用飞机战时的服役环境下开展修理十分不利;

(2)铺贴好的材料经过真空袋、微波、电烤灯等设备加热固化,其工艺质量不可控,若出现初始制备损伤,不易检测,更不易去除以重新修补,即使重新修补,势必带来更长的停场时间。

为了避免现有技术的不足之处,刘斌等提出一种飞行器复合材料快速修理的标准硬补片法:事先根据飞行器型号、部件特性、方案需求,采用工厂的热压罐等相对于热补仪更好的设备加工出各种尺寸、厚度、铺层、材料的补片,补片可以是阶梯、楔形、贴补补片等形式;然后在修理厂存放,一旦发生损伤事件,根据事先制定的方案,选取标准补片中合适的规格,直接将该标准补片采用胶黏剂与处理好的原结构进行就地固化,避免了预浸料等对冷库的需求,节省用电,而且这些补片在出厂时已经过严格的无损检测,可保证补片内无初始损伤,避免了传统软补法的加工质量问题。

复合材料标准补片技术方案是一种飞行器复合材料快速修理的标准硬补片法,其具体步骤如下:

(1)根据标准补片的材料要求,选取与原母材相同或相当(可替换)的材料,按方向进行逐层铺贴,如图 9-2 所示;

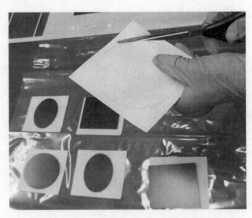

图 9-2 标准补片剪裁与铺贴

（2）将铺贴完成的材料放入热压罐或其他设备进行成型，成型之后进行超声波无损检测，确保材料无初始损伤；

（3）对成型好的补片毛坯进行加工，使其成为具有矩形、圆形、椭圆形等平面形状的标准补片；

（4）将标准补片根据飞行器型号、部件、结构元件等进行编号，用于快速修理；

（5）将损伤结构打磨后，在标准补片上贴胶膜或液态树脂胶等黏合剂，将标准补片与受损部位进行精准粘接，随后就地采用热补仪、电烤灯等进行固化，一次成型，快速、精准，修补质量高。

复合材料标准补片修理案例如图 9-3 所示。

图 9-3　复合材料标准补片修理案例

标准补片的有益效果在于：

（1）利用工厂内可控的严格工艺，可进行批量不同规格的标准硬补片制备、加工与无损检测等，无需外场或修理厂就地加工补片，节省了修补时间，达到快速修理的目的，而且补片内部质量高、无缺陷，有利于飞行器的持续适航；

（2）使用胶膜或液态胶将标准补片与母材进行粘接固化，只有胶接面是修理现场需要控制的固化单元，修理后可现场无损检测，如该胶接面有缺陷，可以较为容易地及时将补片拆卸、更换并重新粘接固化。

另外，在寻求更稳定、快速的修理方法时，Whittingham 与 A. A. Baker 等就复合材料斜接修补工艺进行了微观研究，其机械加工硬补片和胶接面显微图如图 9-4 所示，胶层厚度沿胶接线的分布如图 9-5 所示。对比硬补和软补两种方法可知，硬补片明显比传统的软补片修补性能好，但数控加工也存在缺陷和偏差。

图 9-4　A. A. Baker 的机械加工硬补片和胶接面显微图

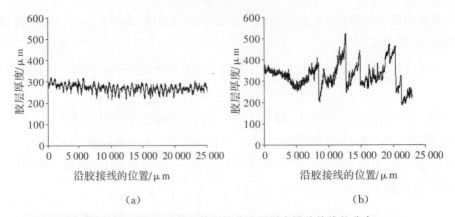

(a)   (b)

图 9-5   A. A. Baker 的硬补片胶层厚度沿胶接线的分布

9.2   机器人修补

随着机器人技术的快速发展,出现了一种将机器人与激光器结合的新方法,使维修时间更短、质量更可靠且成本更低。英国 GKN 公司和德国 SCLR 公司将激光用于自动维修,该方法修理的结构强度与手工维修方法相同,维修质量更可靠,且费用降低了 60%。采用机器人激光技术去除损伤材料,不必在结构上施加力或振动。GKN 正扩大使用该方法修理多种形状及尺寸的复合材料结构。与此同时,德国汉莎技术公司递交了一份关于大型自动化复合维修工艺流程的专利申请,此项工艺流程是汉莎和 EADS 公司下属的 Cassidian 和 Eurocopter 分公司共同开发的。汉莎还与 GOM、iSAM 和电子光学系统公司合作开发了大型自动化系统——首先使用条形灯投射技术扫描受损的区域,精度达到 0.01 mm;然后,计算机控制的铣床会取下受损材料并制造一个精确的补片。为了节省维修时间以及提高维修质量的可靠性,汉莎还开发了一套快速自动维修系统,如图 9-6 和图 9-7 所示。

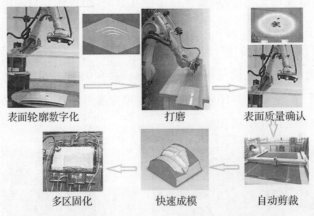

表面轮廓数字化   打磨   表面质量确认

多区固化   快速成模   自动剪裁

图 9-6   德国汉莎航空公司的快速自动维修系统

WIWeB 研究所开发了一套便携式的移动自动打磨系统,如图 9-8 所示。

国内研发了一种用于飞机表面复合材料自动打磨的机器人(见图 9-9),通过滑轨实现水平移动,通过升降杆实现竖直运动,同时通过各个部件的旋转实现 360°转动,解决了飞机任一表面处复合材料受损的打磨问题。机器人灵活性强,具有多自由度,同时工作部件可拆卸更

换,使得其使用功能大大增强,实用性及适用性大大提高。机器人通过局域网使用手机或 PC
上位机等进行远程控制,控制距离远,机器人工作效率高,同时提高了工作精度,大大降低了人
为因素的影响,实现了波动的最小化。

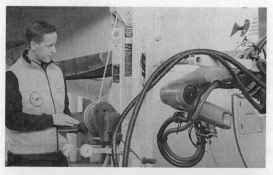

图 9-7　德国汉莎公司等研发的最新的机器人

图 9-8　移动自动打磨系统

安乾军等设计了军机结构损伤自动检测与修复一体化爬行机器人,如图 9-10 所示。爬
行机器人由六足机器人装置和六轴机械臂装置组成。爬行机器人整体小巧便携,使用方便,可
以进行编程控制及路径规划,6 个小吸盘自由转动,稳定吸附于曲率复杂的军机的表面,且可
进行逐步移动,以实现全自主的军机整机的表面复合材料损伤检测识别与打磨修复工作。六
轴机械臂装置上装有无损检测头、激光打磨头、常规打磨头,以适应不同需求的损伤结构的打
磨修复工作。该爬行机器人极大提高了打磨效率与精度,可提升军机整体作战效能。

图 9-9　复合材料自动打磨机器人虚拟样机

图 9-10　结构损伤检测与修复一体化
爬行机器人虚拟样机

9.3　复合材料修补增韧技术

目前树脂基连续纤维复合材料在航空领域应用较为广泛,具有比刚度和比强度较高、抗疲劳、耐腐蚀的优点,如在波音 787 飞机结构的用量达到 50％以上。树脂基连续纤维预浸料复合材料作为飞机表面结构的材料,在受到冲击时容易产生分层,大大降低了所用结构的承载能力,因此对树脂基连续纤维预浸料复合材料进行层间增韧,提高其抗分层能力。纳米多层石墨烯是一种新材料,目前根据材料本身的属性被作为导电材料使用。直接将纳米材料溶于树脂,再进行与纤维的混合与整体热压固化,工艺相对复杂,需要加入的纳米材料多,会影响复合材料的非层间性能。中国专利(CN107459820A)公开了一种微纳米粒子协同层间增韧双马碳纤维复合材料的制备方法,获得较好的层间性能,但是工艺仍然较为复杂,同时将纳米材料溶于树脂会改变预浸料层内的刚度和强度。中国专利(CN104945852A)公开了一种微纳米粒子层间增韧技术,首先将微纳米粒子均为无机粒子的混合溶液均匀喷涂在纤维上,然后置于烘箱内干燥处理,待溶剂挥发完全后再与热固性树脂复合,制得微纳米粒子层间增韧的复合材料,该方法虽然显著提高了复合材料的层间断裂韧性,但成型工艺较为复杂,成本高。

针对复合材料层间韧性低的缺点,如何给金属或复合材料原结构打上一块层间性能好的复合材料补片是一个挑战,一些研究者们也在尝试使用纳米材料增韧补片提高层间性能。针对现有技术的不足之处,国内提出了一种采用纳米多层石墨烯增韧复合材料层间的方法,采用在预浸料各层间进行喷涂的方法增韧,工艺简单,并采用较低成本、超高力学性能的纳米多层石墨烯对预浸料表面进行定量可控喷附,不会改变复合材料本身的属性,纳米材料层间增韧示意图如图 9-11 所示,复合材料层间增韧的工艺方法如图 9-12 所示。该技术利用超高力学性能的纳米多层石墨烯进行层间增韧,并通过简单的喷附工艺直接对半成品的预浸料进行各层间的表面喷涂处理,大大简化了工艺,而且喷附密度精准可控。使用喷雾设备将弥散有纳米多层石墨烯的丙酮或乙醇溶液均匀喷附于树脂基连续纤维复合材料预浸料各层间的表面,能够增强复合材料层间的断裂韧性,且不会改变复合材料本身的属性;在树脂基连续纤维复合材料预浸料每层表面的喷附面密度为 $1\ g/m^2$,能够使得抗断裂韧性效果达到最佳。使用本方法制备的增韧后的复合材料层合结构被机械加工成双悬臂梁 DCB(Double Cantilever Beam)和端部切口 ENF(End Notched Flexure)两种试样,用于测试其 Ⅰ、Ⅱ 型断裂韧性的变化,纳米多层石墨烯的喷附工艺所制备的 DCB 试样较未增韧的原 DCB 试样的 Ⅰ 型断裂韧性 G_{IC} 提高了 103.2％;采用纳米多层石墨烯的喷附工艺所制备的 ENF 试样较未增韧的原 ENF 试样的 Ⅱ 型断裂韧性 G_{IIC} 提高了 67.8％。测试的断裂韧性结果及 SEM 分析如图 9-13(彩图见彩插)～图 9-17 所示。

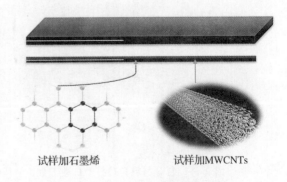

试样加石墨烯　　　　试样加MWCNTs

图 9-11　纳米材料层间增韧示意图

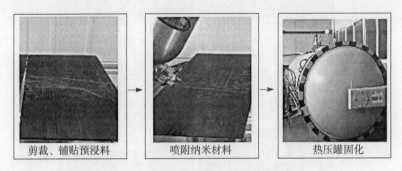

图 9-12　复合材料层间增韧的工艺方法

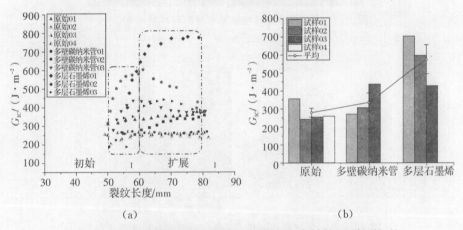

图 9-13　多壁碳纳米管与多层石墨烯增韧复合材料 I 型断裂韧性

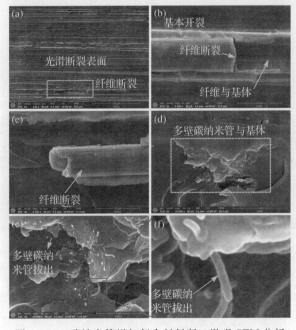

图 9-14　碳纳米管增韧复合材料断口微观 SEM 分析

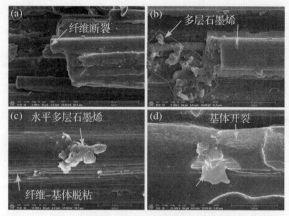

图 9-15 多层石墨烯增韧复合材料断口微观 SEM 分析

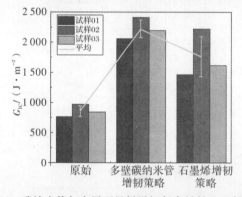

图 9-16 碳纳米管与多层石墨烯增韧复合材料 Ⅱ 型断裂韧性

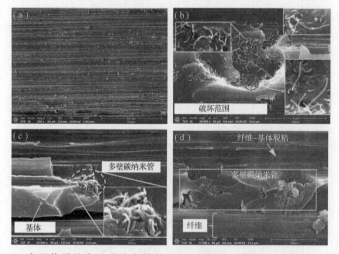

图 9-17 表现优异的多壁碳纳米管断口微观 SEM 分析($G_{\text{IIc}}=2\,416.85\ \text{J/m}^2$)

在外场条件下,标准补片往往无法达到热压罐条件,一般都是使用真空袋的复合材料热补工艺。刘斌等在织物叠层碳纤维-环氧树脂基复合材料层间添加多壁碳纳米管(Multi-Wall Carbon Nano-Tubes,MWCNTs),通过符合美国联邦航空局标准的复合材料热补工艺固化成型试样(见图 9-18),对其 DCB 试样 Ⅰ 型临界断裂能量释放率进行测试,发现断裂韧性得到显著提升。增韧策略是将 MWCNTs 以 $1.58\ \mathrm{g/m^2}$ 的密度喷附于铺层表面,再进行叠层并用热补仪加压加热固化。MWCNTs 能显著提升层间Ⅰ型断裂韧性,较未添加 MWCNTs 的原始试样Ⅰ型断裂韧性增加了 97.07%,且分散性低,如图 9-19 和图 9-20 所示。扫描电镜分析发现,MWCNTs 使得层间断口形貌相较无纳米材料添加时的平坦变为"山脉"状断口,且"山脉"位于无纤维的含 MWCNTs 的环氧树脂基体部位,被纤维剥离后光滑的纤维-基体界面分割成相互平行的区域,如图 9-21 所示。因此,外场条件使用复合材料热补仪工艺时,MWCNTs 对碳纤维-环氧树脂基织物复合材料的层间增韧机理为基体的增韧而非纤维-基体界面增韧,如图 9-22 所示。

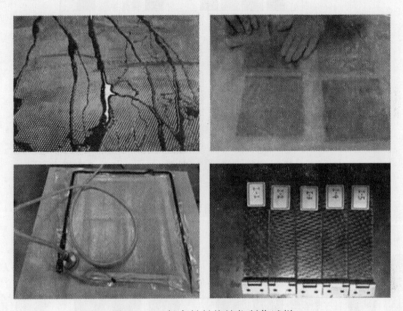

图 9-18　复合材料热补仪制作试样

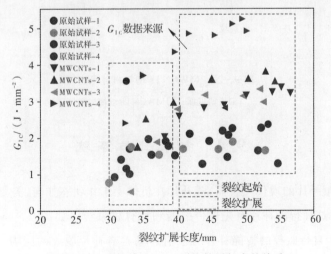

图 9-19　增韧前后 G_{Ic}-裂纹扩展长度的关系

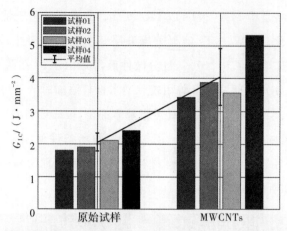

图 9-20　原始试样与增韧试样的 G_{IC} 柱状图

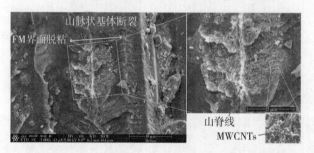

图 9-21　MWCNTs 增韧件层间断口微观 SEM 图

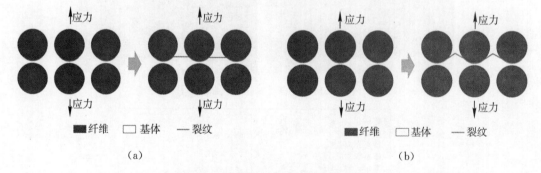

图 9-22　MWCNTs 增韧机理示意图

(a)原始试样；(b)MWCNTs 增韧试样

9.4　智能补片系统

对于存在大量补片的现代飞机而言，补片在机体上工作状态如何，需要借助一种实时可被监控的智能补片，这种智能补片有先进传感器和计算机系统。如图 9-23、图 9-24 和图 9-25 所示，这种基于自行监控的智能补片方法有自动检查补片脱胶的能力，将极大地减少人们对飞机结构复合材料胶接修理认证的担心。然而，智能监控系统的可靠性是需要考虑的问题，所以从短期来看，该方法只针对非常重要和价格高昂的主结构有经济前景。

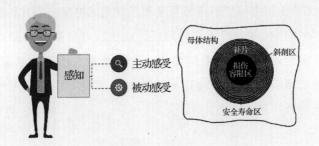

图 9-23　智能复合材料补片的工作方式示意

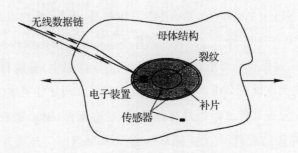

图 9-24　智能复合材料补片系统示意

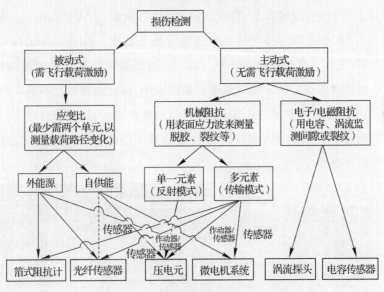

图 9-25　智能补片系统的工作原理

复合材料原位智能补片监控技术与传感器包括常规箔式电阻应变片、光学纤维传感器、小型压电变换器元件以及基于微电机系统的传感器。其中,微电机系统传感器可以监测到胶接的退化,为使用者提供胶接状态的一些提示和临近破坏的警告。澳大利亚国防科学与技术组织 Baker 等人的研究表明,利用独立补片健康监控系统的智能方法似乎可行。这些系统建立、存储补片关键位置处的应变与远场应变之比并上传给用户,该比值表示载荷进入补片的比例,若有下降即表明补片关键区域有脱胶现象。该团队还开发了两种不同就地自立遥距询问补片健康监测系统,分别是基于压电薄膜的传感系统和常规箔式电阻应变片传感系统,将两种智能补片系统应用于 F/A-18 飞机并进行了飞行验证。基于压电薄膜的传感系统是能源自给,由压电薄膜阵列产生的电能运行。箔式系统使用一个锂基主电池作为电源,运行寿命为 1～2 年。电子器件询问压电薄膜传感器,处理补片健康数据,并将数据存储到永久性存储器中,同时使用磁性收发器上传补片健康数据。

9.5 快速设计与分析软件平台

位于辛辛那提的 NLign Analytics 公司为碳纤维制造、保养、维修以及彻底检查机构专门设计了新软件平台,如图 9-26 所示。该软件从根本上改变了组织使用检查、维护和制造数据的方式。通过将大量的过程和维修数据渲染到 3D CAD 模型中,显著提高效率,从而在熟悉的 3D 环境中进行快速而准确的分析。以前需要几天甚至几周才能完成的任务,现在只需 1～2 h 即可完成。NLign 分析工具已经通过简化设计/建造流程,缩短制造的时间,减少工程变更,提高首过合格率,帮助监控,每年为美国海军、空军和私营部门公司节省数百万美元。它可将原始数据转换为可操作信息,简化制造及维修加工方式,自动收集 NDI(Network Device Interface,网络设备接口)中的检查数、检查员注解、数码影像、SAP(Systems, Aplication and Products,系统、应用和产品)系统、纸质表单及其他加工数据。NLign Analytics 公司提供基于软件的解决方案,用于飞机的制造和维护,以捕获、组织和可视化详细的结构检查和维修数据。NLign 软件解决方案当前用于航空航天制造应用中,以提高首过合格率并加快制造速度。此外,NLign 还用于美国空军和美国海军,以改善结构维护流程,从而降低成本,并提高飞机的可用性。事实证明,NLign 交互式 3D 环境可以推动整个组织的改进,包括改进检查流程、质量工程分析和材料审查委员会流程。

图 9-26 NLign Analytics 公司开发的制造、维修管理软件

西北工业大学谢宗蕻针对单向拉伸载荷作用下复合材料织物层合板胶接挖补修理结构,改进现有解析模型,建立适用于无附加层、附加 1 层和附加 2 层结构的阶梯型挖补修理结构和斜切型挖补修理结构的解析分析模型;给出求解算法,定义准确度用于评价数值计算精度,最终开发出一套界面友好的复合材料胶接挖补修理设计与分析软件——复合材料胶接修理设计

与分析系统,如图9-27所示。

西北工业大学刘斌与航空工业第一飞机设计研究院联合开发了一套蜂窝夹芯结构损伤快速评估与修理平台,如图9-28所示,软件的架构如图9-29所示,平台部分计算结果如图9-30所示。该软件平台开发需实现:

(1)无损伤、含典型损伤及修理后蜂窝结构的参数化建模与强度分析及评估;

(2)针对典型损伤,通过软件流程,可生成相应的修理方案;

(3)应用工具集可实现蜂窝结构的多场耦合模拟、蜂窝结构稳定性分析、含损伤及修理后蜂窝结构代理模型、修理参数优化等。

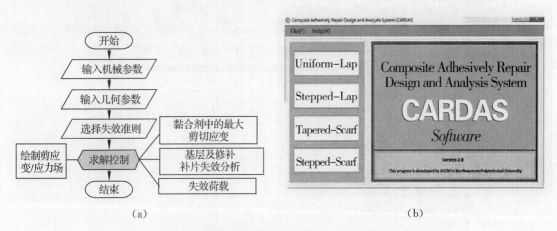

（a）　　　　　　　　　　　　　　　（b）

图9-27　复合材料胶接修理设计与分析系统（CARDAS）界面

(a)流程图;(b)主界面

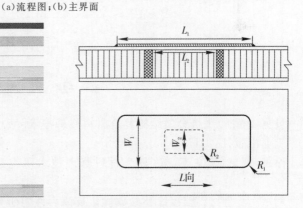

图9-28　蜂窝夹芯结构损伤快速评估与修理平台

综上可知,未来飞行器结构修理的大趋势是标准化、快速化、自动化和智能化。复合材料修理技术中的材料、工艺、方案设计、验证分析、设备、软件平台等方面需要紧随飞机的发展,如果跟不上,将会大大限制飞机的使用,对于军机可能会影响其作战效能,对于民机可能会影响其经济性。因此,未来的飞行器结构修理将在一段时间以复合材料胶接修理为主导,该技术会越来越成熟,适航认证的担心也会越来越少,相应的配套设备会随之更新换代。总之,这些问题的解决需要广大研究者和技术人员不断地进行探索与创新。

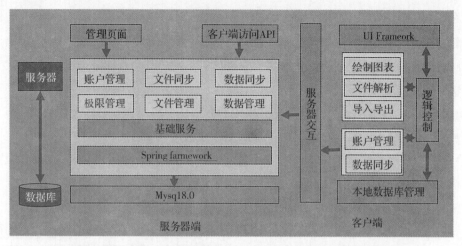

图 9-29 蜂窝夹芯结构损伤快速评估与修理平台的软件架构

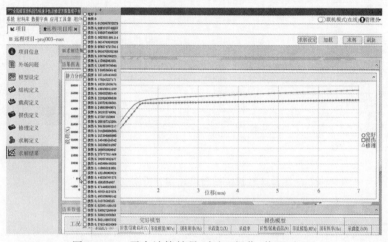

图 9-30 平台计算结果(完好、损伤、修理对比)

参 考 文 献

[1] 贝克,罗斯.飞机金属结构复合材料修理技术[M].琼斯,董登科,丁惠梁,译.北京:航空工业出版社,2017.

[2] 徐绯,刘斌,李文英,等.复合材料修理技术研究进展[J].玻璃钢/复合材料,2014(8):105-112.

[3] 刘斌.复合材料胶接修补参数优化及修后性能研究[D].西安:西北工业大学,2016.

[4] LIU B,GAO N Y, CAO S H,et. al. Interlaminar toughening of unidirectioncd CFRP with multilayers graphene and MWCNTS for Mode Ⅱ fracture, [J]Composite Structures,2020,236(5):111888.

[5] LIU B,CAO S H ,GAO N Y, et. al. Thermosetting CFRP interlaminar toughening with multi-layers graphene and MWCNTS under Mode Ⅰ fracture,[J]Composite Science and Technology, 2019,183(1):107829.

[6] LIU B,HAN Q,ZHONG X P, et. al. The impact damage and residucd load capacity of composite stepped bonding repairs and joints. [J]. Composites Part B, 2019,158:339-351.

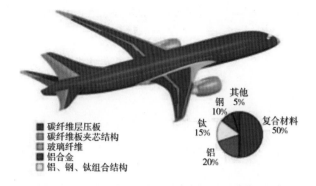

图 1-1 复合材料在飞机结构上的应用分布

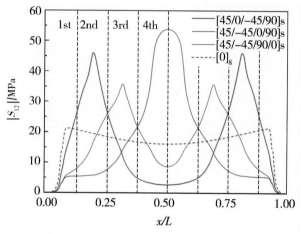

图 2-38 胶层的剪应力分布曲线对比

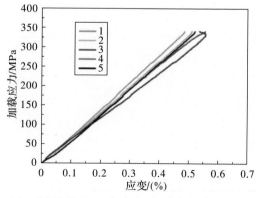

图 5-11 试件Ⅱ的 5 个应变监测点的应力-应变曲线

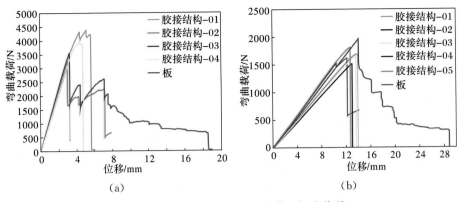

图 5-24 三点弯曲试验载荷-位移曲线

(a)100 mm 跨度弯曲复合材料层合板和胶接结构;(b)210 mm 跨度复合材料层合板和胶接结构

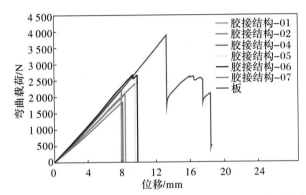

图 5-32 复合材料层压板和胶接结构的载荷-位移关系

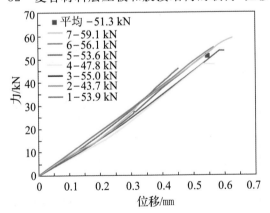

图 5-36 标距 100 mm 的力-变形曲线

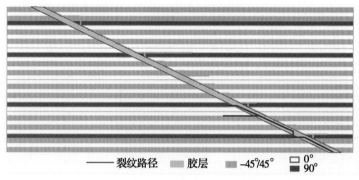

図 6-23　25 J 冲击能量时胶层附近损伤

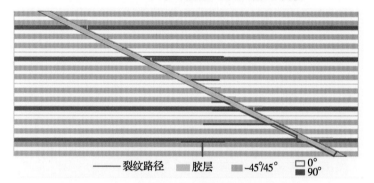

图 6-24　30 J 冲击能量时胶层附近损伤

（a）　　　　　　　　　　　（b）

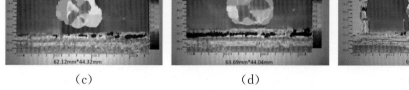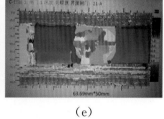

（c）　　　　　　　（d）　　　　　　　（e）

图 6-25　不同能量冲击后试件的超声 C 扫描损伤

（a）8 J；（b）12 J；（c）16 J；（d）20 J；（e）25 J

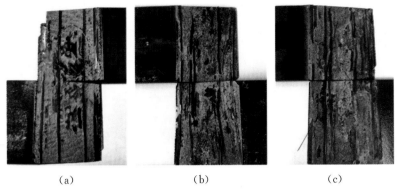

图 6-28　不同能量冲击后试件的拉伸断面

(a)8 J 冲击能量;(b)20 J 冲击能量;(c)25 J 冲击能量

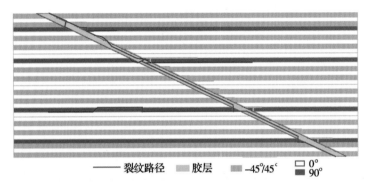

——裂纹路径　▨胶层　▨-45°/45°　□0°　■90°

图 6-30　25 J 能量冲击后拉伸断裂侧视示意图

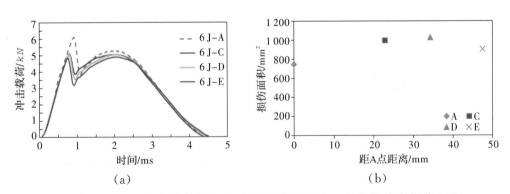

(a)　　　　　　　　　　　(b)

图 6-33　复合材料斜胶接试件不同位置冲击载荷及冲击损伤面积

(a)冲击载荷;(b)损伤面积

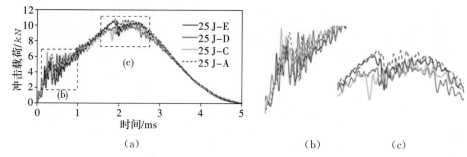

（a）　　　　　　　　　　（b）　　　（c）

图 6-34　25 J 能量冲击时 A、C、D、E 四个位置的冲击载荷

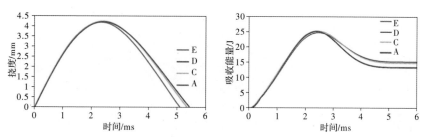

图 6-35　25 J 能量冲击时 A、C、D、E 四个位置的挠度与吸收的能量

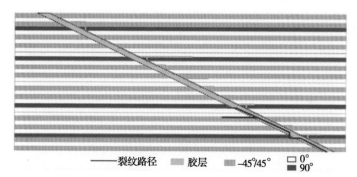

图 6-38　25 J 冲击能量下 C 点冲击后沿中心线切开观察到的断裂路径示意

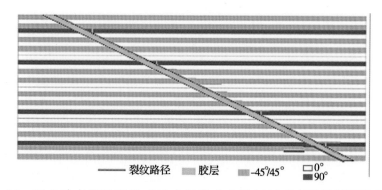

图 6-39　25 J 冲击能量下 D 点冲击后沿中心线切开观察到的断裂路径示意

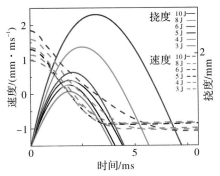

6-46 各能量水平下冲击速度、挠度与时间的关系曲线

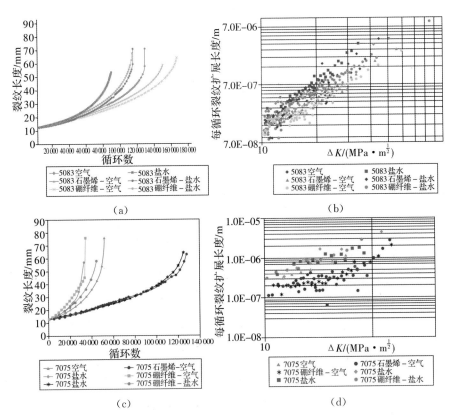

（a）

（b）

（c）

（d）

图 7-7 硼纤维复合材料修理 5083 和 7075 铝合金结构的裂纹长度、
裂纹扩展速率与疲劳载荷循环数的曲线

（a）5083，裂纹长度；（b）5083，裂纹扩展速率；（c）7075，裂纹长度；（d）7075，裂纹扩展速率

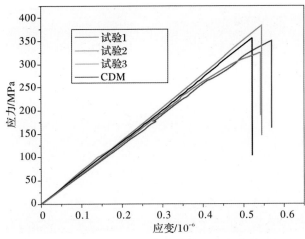

图 8-10　CDM 与试验的应力-应变曲线对比

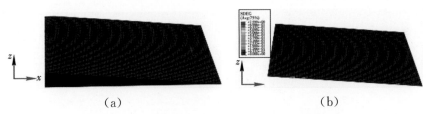

（a）　　　　　　　　　　　　　（b）

图 8-11　载荷为 58％极限载荷时损伤起始

（a）90°层基体开裂；（b）胶层损伤系数（未损伤）

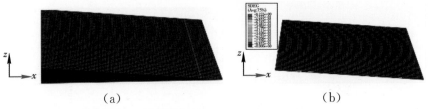

（a）　　　　　　　　　　　　　（b）

图 8-12　载荷为 70％极限载荷时损伤扩展

（a）90°层基体开裂；（b）胶层损伤系数（未损伤）

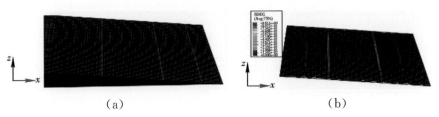

（a）　　　　　　　　　　　　　（b）

图 8-13　载荷为 80％极限载荷时损伤扩展至三层

（a）90°层基体开裂；（b）胶层损伤系数（未损伤）

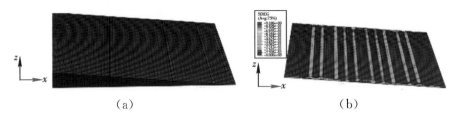

图 8-14　载荷为 95％极限载荷时损伤扩展至 45°层

(a) 90°层和 45°层基体开裂；(b) 胶层损伤系数（未损伤）

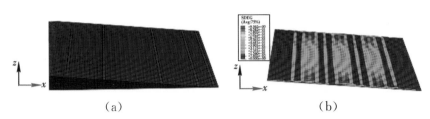

图 8-15　100％极限载荷时破坏

(a) 90°层和 45°层基体开裂；(b) 胶层损伤系数（接近破坏）

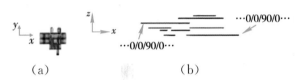

图 8-19　8 J 冲击能量下的分层起始（t_1 时刻）

(a)xOy 面；(b)xOz 面（放大）

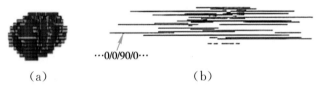

图 8-20　8 J 冲击能量下的分层扩展（t_2 时刻）

(a)xOy 面；(b)xOz 面（放大）

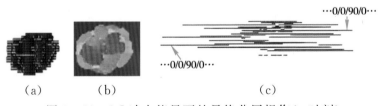

图 8-21　8 J 冲击能量下的最终分层损伤（t_3 时刻）

(a)xOy 面；(b)C 扫描图；(c)xOz 面（放大）

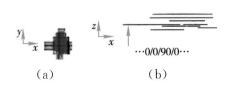

图 8－22　25 J 冲击能量下的分层起始(t_1时刻)

(a)xOy 面；(b)xOz 面(放大)

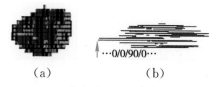

（a）　　　　　（b）

图 8－23　25 J 冲击能量下的分层扩展(t_2时刻)

(a)xOy 面；(b)xOz 面(放大)

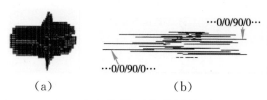

（a）　　　　　（b）

图 8－24　25 J 冲击能量下的分层扩展(t_2—t_3时刻)

(a)xOy 面；(b)xOz 面(放大)

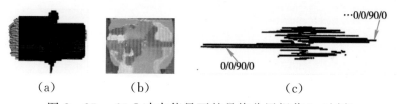

（a）　　　（b）　　　　（c）

图 8－25　25 J 冲击能量下的最终分层损伤(t_3时刻)

(a)xOy 面；(b)C 扫描图；(c)xOz 面(放大)

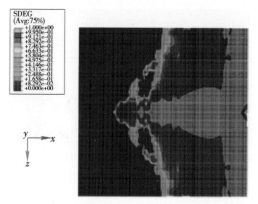

图 8－26　25 J 冲击能量下在 t_4 时刻斜面胶层最终破坏情况

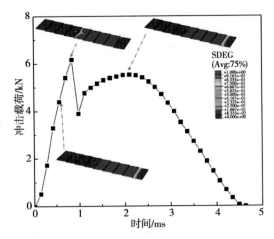

图 8-32　冲击能量为 8 J 时的数值模拟结果（冲击载荷-时间曲线）

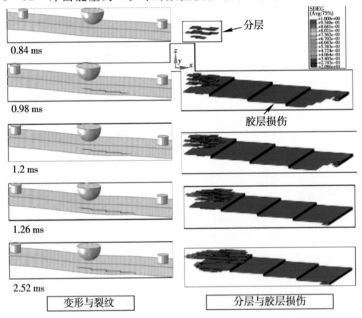

8-34　冲击能量为 8 J 时的数值模拟的胶层开裂与复合材料分层的扩展

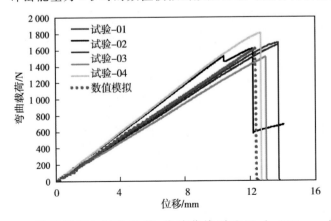

图 8-35　数值模拟与试验载荷-位移曲线对比（3pb,210 mm 跨距）

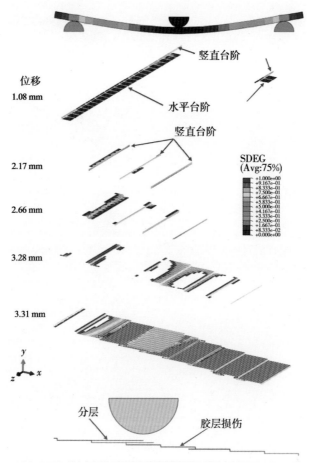

图 8-36 数值模拟胶层损伤演化过程(3pb,210 mm)

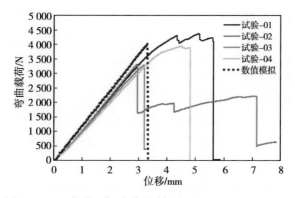

图 8-37 载荷-位移曲线结果对比(3pb,100 mm)

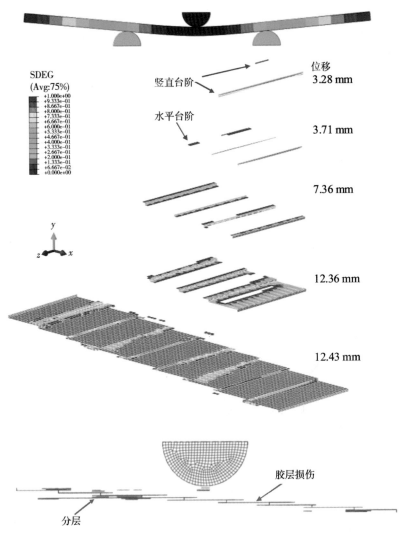

图 8 - 38 数值模拟的损伤演化过程（3pb，100 mm 跨距）

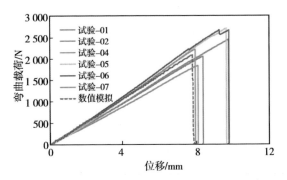

图 8 - 39 载荷 - 位移曲线对比（4pb，100 mm 跨距）

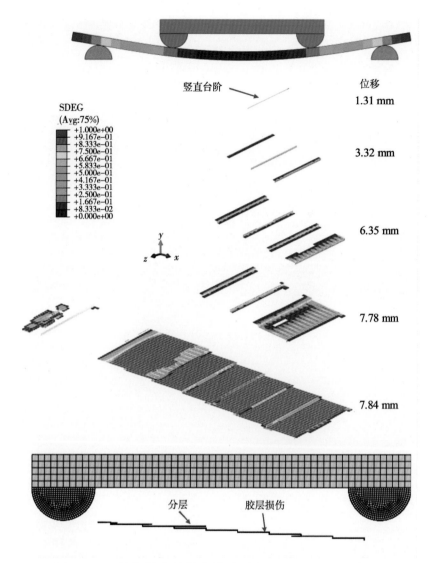

图 8-40　数值模拟的损伤演化过程（4pb，100 mm 跨距）

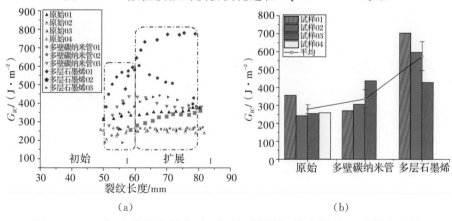

（a）　　　　　　　　　　　　　（b）

图 9-13　多壁碳纳米管与多层石墨烯增韧复合材料Ⅰ型断裂韧性